LE LIVRE

DES

HABITANTS DES CAMPAGNES

IMPRIMERIE L. TOINON ET Cie, A SAINT GERMAIN.

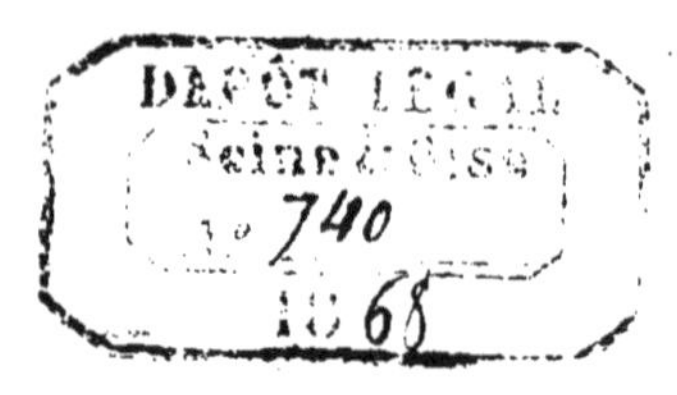

LE LIVRE

DES

HABITANTS DES CAMPAGNES

PAR

MM. HERVÉ ET MULLOIS

NEUVIÈME ÉDITION

PARIS

ÉMILE PONGE, — GÉRANT
DE LA BIBLIOTHÈQUE DE TOUT LE MONDE,
35, RUE DE SEINE, 35.

1868

PRÉFACE

Un double fléau qu'il importe d'extirper de nos mœurs actuelles, c'est l'abandon du sol par ceux qui le possèdent et l'ignorance de leur métier chez ceux qui le cultivent.

L'agriculture, ce noble métier, qui ouvre une carrière si honorable et si paisible au savoir et à l'intelligence, et si fructueuse à l'activité des bras, est encore considérée comme un travail purement matériel, grossier, étranger à la science et à la vie bourgeoise. Délaissée par les gens aisés et instruits, elle est abandonnée à de pauvres familles que le manque d'instruction et de capitaux condamne à de ruineuses routines et qui restent étrangères aux procédés les plus élémentaires de l'art agricole.

Chose surprenante ! le peuple français, réputé le plus intelligent de l'Europe, est le dernier de tous en agriculture.

La Belgique, l'Angleterre et l'Allemagne nourrissent une tête de bétail par hectare, tandis que nous en possédons une par trois hectares ; elles recueillent 25 hectolitres de blé, là où nous en récoltons 12 ou 15 ; elles emploient un capital de 500 fr. par hectare cultivé, lorsqu'en France ce capital est en moyenne de 120 à 150 francs.

Et pourtant, notre pays est certainement le plus favorisé de tous par le climat et la composition du sol. Aucune contrée de l'Europe ne lui est supérieure pour la fécondité, aucune ne l'égale pour la variété des produits.

Ajoutons que le haut prix de toutes les denrées, dû à l'insuffisance de la production et à l'active circulation des chemins de fer, permet au cultivateur intelligent d'écouler tous les produits de sa terre à des prix avantageux.

Pourquoi la quitter, cette bonne terre qui, moyennant un peu de travail et de savoir-faire, offre à tous ses enfants une vie heureuse et paisible, pour aller s'exposer aux chômages, aux maladies, aux concurrences, à tous les fléaux qui assiégent les masses laborieuses des grandes villes?

Ah! qu'on le sache, enfin, ou du moins qu'on se donne la peine de l'étudier, la culture rationnelle n'est ni longue à apprendre ni difficile à pratiquer.

Sans nous lancer dans les expériences de l'agronomie transcendante, nous venons offrir à l'humble chaumière, comme à la grande métairie, des procédés simples et pratiques, d'un succès assuré et constant, point coûteux surtout, au moyen desquels tous ceux qui ont une terre à cultiver peuvent, sans l'épuiser, en tirer un revenu deux et trois fois supérieur à celui que produit la culture routinière.

L'élève des bestiaux, des porcs et des animaux de basse-cour, la culture des arbres à fruits, des légumes maraîchers, des plantes industrielles, l'élève des abeilles, etc., constituent autant de spécialités où le petit cultivateur peut, avec des moyens très bornés, et proportionnés à sa condition, prospérer aussi sûrement que le possesseur d'une grande ferme.

C'est surtout à la classe des petits cultivateurs, la plus nombreuse et la plus intéressante de toutes en France, que nous adressons ce modeste traité.

Si les conseils qu'il contient étaient répandus et mis à leur portée, nous ne doutons pas qu'une amélioration considérable n'en fût le résultat immédiat, et que, grâce aux progrès des méthodes de culture, l'aisance générale n'arrêtât bientôt ce déplorable mouvement d'émigration, qui dépeuple nos campagnes pour encombrer nos villes de multitudes déclassées et misérables.

Nous avons eu surtout à cœur d'être clair, précis et catégorique dans l'exposé de nos méthodes et recettes de culture; nous voulons qu'il n'y ait pas un seul ménage rural qui n'en puisse tirer quelque avantage.

C'est par les notabilités locales que nous désirons être présentés en cette qualité au public que nous cherchons à éclairer. MM. les propriétaires, maires, curés, instituteurs, etc., qui comprennent le bienfait souverain du progrès agricole, voudront bien, nous l'espérons, se faire nos propagateurs et nous annoncer comme un ami éprouvé et un hôte de bon conseil aux fermiers et cultivateurs qu'ils assistent de leurs avis et de leurs encouragements.

Enfin, nous voulons être le conseiller de l'âme de nos lecteurs, en même temps que nous cherchons à améliorer leur existence matérielle. Une seconde partie est consacrée à les affermir dans la vérité religieuse et dans l'amour des vertus qui en sont le fruit.

Puisse cette double tentative obtenir le succès auquel nous aspirons : le progrès des âmes dans le bien, et celui de l'aisance matérielle au sein des familles rurales (1).

(1) L'auteur adresse gratuitement aux abonnés du *Messager de la Charité*, tous les renseignements qu'ils désirent relativement aux objets qui intéressent l'agriculture et le jardinage, et il se charge de leur faire expédier ces objets aux meilleures conditions de bon marché et de bon emploi : machines, outils perfectionnés, plantes, semences, engrais, livres-manuels, etc. (Écrire *franco* à M. Hervé, 5, rue des Grands-Augustins.

LE LIVRE

DES

HABITANTS DES CAMPAGNES

COURS D'AGRICULTURE

I. — PRINCIPES.

L'agriculture est l'art de faire produire à la terre le plus abondamment, et aux moindres frais possibles, les plantes et les animaux utiles à la vie humaine.

La terre et l'air sont l'atelier du cultivateur. Toutes les plantes sont le produit de ces deux éléments unis. Leurs racines se nourrissent de certains sels invisibles dans la terre, combinés avec l'eau, l'air, la lumière et la chaleur ; les tiges et les feuilles aspirent dans l'air les gaz qui leur conviennent spécialement.

Pour que la terre nourrisse de ses sucs les plantes qu'elle porte, il faut donc que l'air, la chaleur et l'humidité la pénètrent dans de certaines proportions et y circulent aisément.

C'est dire qu'il faut :

1° Qu'elle soit toujours bien labourée et toujours bien ameublie ;

2° Que les sucs propres à nourrir les plantes y subsistent naturellement, ou y soient déposés par l'engrais au fur et à mesure que les végétaux se les approprient.

Dans une terre trop humide, l'air et la chaleur manquent aux plantes, comme dans les sols marécageux.

Dans une terre trop sèche, les sucs de la terre ne sont point dissous et les racines se dessèchent faute de nourriture.

Les sols les plus fertiles, c'est-à-dire les mieux pourvus de substances propres à nourrir les plantes, sont les sols d'alluvion, formés des dépôts accumulés dans les plaines et les vallées par les grands débordements des fleuves et des rivières, ou par les eaux torrentielles descendues des hauteurs.

Les cours d'eau provenant des pays boisés, et qui charrient un limon chargé de matières végétales, peuvent enrichir les terres qui les avoisinent, si au moyen de barrages on les fait inonder à propos. Ces eaux forment une alluvion composée de terres mélangées, très-riches en débris végétaux et en *humus*.

On nomme *humus*, ou terre végétale, une terre noirâtre et fine, surchargée de débris organiques, soit animaux, soit végétaux. L'humus est si fertile, que toutes les plantes y poussent sans qu'il soit besoin de fumer; c'est la terre à jardin proprement dite.

Mais les terres d'alluvion et l'humus ne sont qu'une exception sur la surface de notre globe. Généralement, la masse du sol cultivable ne devient fertile qu'à l'aide de travaux pénibles, d'amendements et de fumiers abondants, dont nous allons parler plus loin.

D'abord les terres cultivables se présentent à nous sous trois formes principales :

1° Terres *argileuses,* où domine l'argile. L'argile est une terre grasse, compacte, rougeâtre, difficile à travailler, et qui retient longtemps l'eau à sa surface ;

2° Terres *calcaires*, où dominent la chaux, la marne, la craie, etc., d'une couleur blanchâtre; elle est également peu pénétrable à l'eau ;

3° Terres *siliceuses* ou *sableuses.* Ces terres, qui ressemblent à du sable, sont légères et s'émiettent sans peine, mais elles sont arides et s'échauffent promptement ; l'eau les traverse sans s'y arrêter.

Ces diverses terres sont rarement pures de mélange. Ainsi nous trouvons des terres où l'argile est mêlée au calcaire, dites *marneuses* ; d'autres composées d'argile et de sable : on les dit *argilo-siliceuses* ou argilo-sableuses.

Toutes ces terres sont cultivables lorsqu'elles forment une couche assez profonde ; l'essentiel est d'y cultiver les produits auxquels elles sont favorables.

Au reste, on peut corriger la composition défectueuse d'un sol. C'est ainsi qu'on améliore une terre argileuse en y mêlant de la marne, et une terre sablonneuse en y ajoutant de l'argile. Ces travaux s'appellent amendements.

Les engrais, dont nous parlerons plus loin, sont un moyen efficace et plus courant d'améliorer les terres. Ainsi un terrain trop léger et trop sec, fumé avec des engrais liquides ou très-mouillés, s'affermira peu à peu et deviendra plus frais.

Si la terre est humide et retient trop les eaux, on la laboure en billons, dans le sens de sa pente ; on y fait des fossés pour l'écoulement des eaux ; le mieux est de la drainer, c'est-à-dire d'y creuser des tranchées au fond desquelles on placera des tuyaux de drainage, espacés de 10 mètres en 10 mètres, recouverts de cailloux ou de gravier, à une hauteur de 15 à 20 centimètres. L'eau s'écoulera le long de ces tuyaux et ira se déverser dans un fossé destiné à la recueillir au bas du champ. On fait à ces terres l'équivalent du trou percé au fond des pots à fleurs. Pourquoi ce trou, en effet? Pour que l'eau et l'air circulent dans la terre qui nourrit les racines de la plante.

Eh bien, le drainage remplit exactement le même office dans les terres humides. Ces terres, en retenant l'eau à la surface, interceptent la chaleur et la lumière dont les racines ont besoin, et l'eau qui croupit pourrit la plante au lieu de la développer.

Car tenez pour règle certaine en agriculture : toute eau qui croupit est funeste, toute eau qui circule est féconde.

Eh bien, le drainage fait passer l'eau du premier état au second. L'eau cesse de séjourner à la surface où elle noyait les racines en les privant d'air et de chaleur, et elle s'égoutte dans le sol en y répandant la fraîcheur et en le maintenant bien ameubli. C'est ainsi que d'une mauvaise terre le drainage fait un fonds de terre de qualité supérieure.

Maintenant que nous savons à quelles espèces de terres nous avons affaire, et comment il faut les améliorer, voyons comment il faut les fumer, car le fumier est l'agent souverain de toute fertilité.

Quelquefois la couche supérieure d'une terre ou *sol* est de mauvaise qualité, tandis que la couche de dessous, dite *sous-sol*, est plus propre à nourrir les plantes; alors l'amendement se pratique au moyen de labours profonds qui amènent à la surface la terre du sous-sol.

Lorsque vous avez un champ exclusivement argileux ou siliceux ou calcaire, et que les autres éléments qui lui manquent sont à votre disposition dans le voisinage, n'hésitez pas à transporter ces éléments sur votre terre et à l'amender par un mélange suffisant.

Un peu de sable et de marne ajoutés à une terre argileuse lui donnent plus de chaleur et de légèreté, et en feront une terre à froment de première classe.

Lorsque la terre est sèche, soit par sa constitution, soit par absence prolongée de pluie, on y remédie par des irrigations. Si la terre à irriguer est en pente, on arrose le haut après y avoir étendu du fumier. L'engrais, charrié par l'eau, se répand jusque dans la partie inférieure, et se dissout insensiblement pour donner au fourrage les sels qu'il tient en dissolution.

Ainsi, l'amendement des terres par l'adjonction des éléments qui leur manquent, soit qu'on les puise dans le sous-sol lorsqu'ils s'y trouvent, soit qu'on aille les chercher plus loin ; le drainage, pour les terres fortes et rendues humides par l'impénétrabilité du sous sol ; l'irrigation, pour les terres trop sèches et voisines des cours d'eau, tels sont les principaux moyens de remédier aux vices de constitution des terres cultivables.

Mais si riche que soit la constitution d'une terre, sa fécondité serait bientôt épuisée si on ne lui rendait après chaque récolte les éléments propres à nourrir les plantes. C'est l'objet des engrais, dont nous traiterons plus loin. Mais, même avec des fumures convenables, la meilleure terre ne peut donner continuellement la même espèce de plantes. Il faut les y cultiver dans un ordre de succession basé sur les divers sucs dont elles se nourrissent et sur le genre de plantes qui se plaisent plus spécialement dans chaque sorte de terres. Cette rotation des cultures est ce qu'on nomme assolement. Un bon assolement dispense le cultivateur de laisser le moindre coin de sa terre improductif. Mais en adaptant chaque plante au terrain qui lui convient le mieux, il en tirera, sans l'épuiser, des récoltes plus abondantes.

On peut dire des terres d'alluvion qu'elles sont propres à toute sorte de culture. Pourtant la vigne n'y donne pas de fruits de bonne qualité.

Les terres siliceuses conviennent à la vigne, aux plantes tuberculeuses, comme la pomme de terre et le topinambour, aux navets et aux plantes légumineuses.

La terre argileuse est favorable au froment, au trèfle, à l'orge et aux plantes de grande culture ; mais cette terre est difficile à travailler et à ameublir.

Le terrain marneux convient aux mûriers et aux arbres à racines abondantes, aux fourrages et aux plantes à gousses, telles que haricots, féveroles, etc.

Ces différents sols ont plus ou moins de valeur suivant la quantité d'humus ou de terreau dont ils sont mêlés.

Le terreau est fertile parce qu'il est composé de débris de substances végétales et animales. C'est lui qui donne la valeur au sol et en multiplie les productions.

Le cultivateur doit surtout s'attacher à enrichir sa terre par tous les moyens possibles. Les jardins et les terres abondamment fumées finissent par devenir riches en humus. Le cultivateur voit que son terrain possède cet élément précieux lorsqu'il reçoit promptement la chaleur et la garde longtemps. C'est ce qui fait que la végétation est toujours plus belle et plus abondante dans les jardins que dans les champs.

Ajoutons que la terre riche d'humus absorbe mieux l'air, l'humidité et les gaz de l'atmosphère.

Quoique les terrains tourbeux soient également composés de débris animaux et végétaux, ils sont loin de valoir l'humus. La tourbe est pourtant un débris végétal, mais pas assez combiné à la terre pour aider à la végétation.

Pour mettre un terrain tourbeux en valeur, il faut le mélanger de sable et de marne, et le faire sécher au soleil et au grand air.

Le P. Espanet raconte qu'auprès de la Trappe de Mortagne, un jeune homme, qui venait d'hériter d'un hectare de terre marécageuse, vint le trouver pour lui demander conseil sur la manière de tirer parti de cet ingrat patrimoine. C'était un sol absolument stérile. Sur les avis du vénérable trappiste, le jeune homme se mit à drainer son marais, à le remuer, et à y mêler du sable et de la marne qu'il amenait, avec des peines infinies, dans une brouette, d'une éminence voisine. Au bout d'un an le marais était desséché, et devenait une terre végétale d'une rare fécondité. Aujourd'hui, le propriétaire y fait des cultures spéciales, entre autres celle du houblon, et en tire sans peine de quoi assurer l'existence de sa femme et de ses trois enfants.

Il ne faut jamais s'obstiner à cultiver un terrain pauvre et de mauvaise nature, avant de l'avoir amélioré par de bons amendements.

C'est là le préliminaire obligé de tout succès Autrement, on consumera ses années dans un travail ingrat et qui jamais ne sera récompensé.

II. — DES ENGRAIS.

Les substances qui ont la vertu de fertiliser la terre sont de nature animale, végétale ou minérale.

Tous les produits qui sortent des animaux, sang, chair, os, peau, cuir, cornes, laines, poils, etc., sont les engrais les plus puissants. Par leur dissolution, ils enrichissent la terre d'un gaz nommé *azote*, qui est le plus énergique agent de la végétation.

Les fumiers sont un engrais à la fois animal et végétal. Les humeurs de l'animal qui se mêlent à ses excréments sont leur principal élément de fertilité.

Les urines, qui sont dans le même cas, contiennent divers sels plus ou moins riches en azote, mêlés à de l'eau, et sont également un engrais de premier ordre.

N'est-il pas déplorable de voir gaspiller ces précieuses substances, tandis que la terre manque d'engrais ? Ne serait-il pas plus avantageux de les recueillir avec soin que d'être obligé d'acheter fort cher des poudrettes et des guanos qui en sont tout au plus l'équivalent?

Les excréments humains sont le plus puissant de tous les engrais animaux. Il est reconnu et positivement établi que chacun de nous produit en déjection une somme d'engrais suffisante pour reproduire les plantes nécessaires à sa nourriture. Cette vérité, complétement méconnue en France, est avérée et surtout pratiquée par les Chinois. Les jardiniers de ce pays fournissent les légumes nécessaires à chaque famille moyennant le contenu de sa fosse d'aisances.

L'homme, se nourrissant de viande et de végétaux farineux, donne par cela même un engrais plus riche en azote que les animaux qui ne vivent que de plantes.

Les oiseaux qui se nourrissent de graines donnent un engrais plus chaud et plus énergique que les animaux nourris d'herbe. Aussi le fumier des basses cours est-il le plus puissant après l'engrais humain. C'est un fumier qu'il faudrait recueillir avec des soins infinis.

Le fumier des brebis, moutons et chèvres est le plus chaud de tous les engrais d'étable. Celui de cheval vient ensuite; puis, en troisième rang, celui des vaches et bœufs; en quatrième rang, celui des porcs. Tous ces fumiers sont à la fois composés de substances végétales et animales.

Quant aux fumiers purement végétaux, ce sont les débris de pailles, bruyères, feuilles mortes, racines et plantes enterrées en vert, et qui rendent à la terre les substances dont ils se sont formés. Ces engrais, sans valoir les précédents, en sont un puissant auxiliaire, et contribuent efficacement à fertiliser le sol.

Les engrais minéraux sont plutôt des amendements que des engrais proprement dits, en ce qu'ils servent à exciter, à échauffer la terre et à dissoudre les sels dont elle nourrit les plantes, et non à nourrir les plantes mêmes. Tels sont la chaux, le plâtre, la marne, les plâtras de constructions détruites, etc.

Toutes ces substances agissent diversement sur la terre et ses produits, comme nous le verrons plus tard. Commençons par traiter des moyens de recueillir les engrais et de les obtenir abondants et de bonne qualité, chose aussi essentielle qu'elle est rare, malheureusement dans notre pauvre France.

D'abord l'engrais humain étant le plus précieux de tous, ainsi que nous l'avons dit, celui-là devrait être recueilli avec plus de soin. Rien n'est plus facile. Chaque ménage devrait déposer ses déjections, tant solides que liquides, dans des fûts bien fermés, placés au fond des fosses d'aisances. Lorsque les vases sont à moitié pleins, il importe d'empêcher l'évaporation des gaz, activée par la chaleur, surtout en été, d'abord parce que ces gaz sentent mauvais, ensuite parce qu'ils ont une vertu fertilisante qùi les rend précieux à conserver.

On obtient ce double résultat, c'est-à-dire qu'on concentre le gaz ammoniac des matières fécales, et qu'on neutralise leur mauvaise odeur en y mêlant de l'eau dans laquelle on a fait fondre de la couperose verte (sulfate de fer) dans la proportion d'un kilogramme par 10 litres d'eau, ou dans laquelle on a jeté du vitriol (acide sulfurique) dans la proportion d'un kilo pour 100 litres. On peut également y jeter de la suie ou du poussier de charbon ou de plâtre. On remue le tout après le mélange.

Ces substances mêlées aux déjections font passer le gaz ammoniac de l'état de carbonate à celui de sulfate; en cet état, il cesse de s'évaporer, et reste tout entier dans l'engrais, qu'il élève à sa plus haute concentration. Alors le fumier humain, ainsi préparé, devient presque inodore et d'une puissance fertilisante incomparable.

Ne laissez donc jamais perdre les déjections des gens de votre maison. C'est une bonne part de la richesse de votre jardin et de vos terres. Un homme produit la fumure d'un demi-hectare.

Les fumiers d'étable sont, après l'engrais

humain, le meilleur agent de fertilité. Là encore nous trouvons partout des habitudes déplorables à combattre, et toute une éducation à faire pour les neuf dixièmes de nos cultivateurs.

D'abord, pour avoir des fumiers d'étable en quantité suffisante, il faudrait nourrir les bestiaux à l'étable. Si vous voulez engraisser promptement votre bétail, si vous voulez obtenir de chacune de vos vaches de douze à vingt litres de lait par jour, et enfin une forte quantité de fumier, il faut renoncer à leur faire passer la journée dans les pâturages, et vous borner à leur faire prendre l'air une heure le matin et une heure le soir, en été, pour les mener à l'abreuvoir. Les Anglais et les Belges, nos maîtres en bétail, n'agissent pas autrement. Aussi font-ils des bœufs de 800 kilos en trois ans, tandis que les nôtres demandent sept et huit ans pour acquérir ce poids, et leurs vaches leur donnent trois fois plus de lait et de fumier que les nôtres.

Pour avoir en quantité et en qualité le fumier d'étable, il faut que le sol en soit en terre glaise solidement battue, ou mieux encore, pavé en brique, et en pente, pour que les urines ne pénètrent pas dans le sol, mais qu'elles s'écoulent et s'accumulent dans une rigole pratiquée au bas de l'étable. Cette rigole conduit à un petit réservoir où sont recueillies toutes les urines. Vous rejetez ces urines sur le tas de fumier au fur et à mesure qu'il se dessèche. Quant au fumier même, il faut que le tas soit établi sur un sol très-solide et impénétrables aux liquides, comme celui de l'étable. Vous entourerez cet emplacement d'une rigole, où s'écouleront les purins ou jus ; comme le purin est la plus riche portion de votre fumier, vous le ferez arriver à un réservoir placé au bas de votre tas de fumier, où vous le recueillerez avec le même soin que les urines de l'étable, et vous en arroserez le tas de fumier, quand la chaleur et les vents secs le dessécheront ; et lorsqu'une fermentation trop forte en fera évaporer les gaz ammoniacaux, ce dont la fumée et l'odeur forte vous avertiront, vous délayerez vos purins dans huit fois leur volume d'eau, vous y ajouterez de la couperose verte ou du vitriol, comme nous vous le disions à propos de l'engrais humain ; vous arroserez le dessus du tas avec ce composé, ou bien avec du plâtre en poudre. La fermentation s'arrêtera, et votre fumier conservera toute sa vertu.

En attendant, vous aurez soin de tasser solidement chaque couche de fumier ; tâchez aussi de le couvrir d'une couche de marne ou de terre grasse, lorsque les pluies menaceront de l'inonder, ce qui en enlèverait les meilleurs sels. C'est ce qu'il faut éviter à tout prix ; la qualité est aussi précieuse que la quantité dans les fumiers, on ne l'obtient qu'en les maintenant à un haut degré de concentration. Le lavage des pluies d'une part, et de l'autre la fermentation épuisante produite par les sécheresses et le soleil, sont deux causes de détérioration qu'il faut écarter avec soin.

Que votre tas de fumier soit éloigné du puits et de la mare où s'abreuvent vos bestiaux, car les purins qui s'infiltrent dans la terre finiraient par s'y rendre et empoisonner votre breuvage et celui de vos animaux. C'est une cause trop commune des maladies qui déciment les bestiaux dans nos fermes mal tenues.

Il y a des cultivateurs qui, pour ne pas perdre leurs purins, mettent une forte couche de terre sous le tas de fumier. Cette terre boit le purin et devient elle-même un riche engrais. C'est une méthode excellente.

Tout ce qui vient des animaux, avons-nous dit, est engrais et engrais supérieur ; il ne s'agit que de bien s'en servir. Les urines doivent être recueillies avec soin, puis on les laisse fermenter, et on les étend d'eau lorsqu'il s'agit de les employer.

Dépecez des chairs d'animaux morts, et enterrez-les en les mêlant à de la chaux vive.

Quand elles seront bien consumées, elles constitueront un engrais hors ligne.

Jetez le sang sur les tas de fumier ou mêlez-le à de la terre chauffée au four pour le dessécher.

On fait pourrir la laine et les poils dans de l'eau, puis on les mêle au fumier au bout de huit jours.

Les os sont un engrais riche en phosphate ; ils composent le noir animal, si recherché pour la culture des plantes fourragères. On les casse en menus morceaux, puis on les fait dissoudre dans de l'urine de cheval ; ceci demande quinze jours environ.

Toutes ces substances, mêlées aux fumiers d'étable, l'améliorent comme qualité.

Il en est des plantes comme des animaux, tout ce qui provient de leur décomposition est engrais. Les feuilles qui tombent des arbres, les herbes qui pourrissent sur pied, enrichissent la terre ; chaque plante contient en elle-même de quoi nourrir ses pareilles. Les marcs de pommes sont un engrais pour les pommiers ; de même, le marc de raisin pour la vigne ; les tourteaux de colza et de navette pour les plants de colza et de navette ; enfin, par suite du même principe, la paille de blé est l'engrais le plus convenable aux emblavures, et le fumier des bêtes qui broutent l'herbe est excellent pour les prairies.

Rendez donc à la terre ce que vos récoltes lui ont pris, et toujours la terre vous le rendra avec usure.

Tout ce qui se perd dans le ménage est précieux comme engrais : les eaux de lessive, de savon, de récurage, les légumes et fruits pourris, viandes gâtées, lies de vin et rinçures de futailles, etc. Toutes ces substances ont des principes fertilisants pour la terre. Mêlez-les ensemble dans une fosse avec des herbes vertes ou des gazons ; jetez de la chaux vive sur les matières qui résistent à la décomposition ; faites du tout un mélange appelé compost; et vous en tirerez d'excellents engrais.

On voit par ce qui précède que les engrais ne manquent point au cultivateur. S'il ouvrait les yeux pour les voir et savait les recueillir et les employer, la terre ne serait jamais ingrate pour ses travaux; car, comme dit J. Bujault, ce n'est pas ce qu'on sème qui rapporte, c'est ce qu'on fume.

Ne cultivez donc jamais que l'étendue de terre que vous pouvez fumer. N'achetez que rarement des engrais ; tâchez d'en fabriquer vous-même ce qu'il vous en faut, cela est toujours possible.

Par exemple, si après une récolte de blé vous craignez que votre terre soit épuisée et de manquer d'engrais, semez-y dès le mois d'août, après un labour léger, du sarrasin, ou de la spergule, ou de la lupuline, ou encore de la moutarde blanche. Deux mois après, vous aurez un plant épais et haut d'un pied environ. Vous en emploierez la quantité que vous voudrez comme fourrage, et le reste vous l'enterrerez vivant en octobre ou en novembre. Vous aurez enrichi votre champ d'un engrais qui vaudra presque une fumure et dont l'air aura fait tous les frais, car ces plantes prennent dans l'atmosphère seule leur nourriture et ne demandent presque rien à la terre qu'elles enrichissent de leurs débris.

En général il faut préférer la spergule, les raves et le sainfoin pour les terres légères; les pois, haricots, fèves, seigles, sarrasin, pour les terres fortes et humides. On choisit l'époque de la floraison des plantes pour les enterrer; c'est le moment où elles sont plus promptes à se décomposer.

Ces plantes donnent un engrais vert qu'on peut évaluer à 30 voitures de fumier par hectare.

Les anciens pratiquaient l'engrais par les plantes enfouies en vert. En Toscane, on sème ainsi du maïs en mars et on l'enterre en automne. Dans le Milanais, ce sont le navet, le haricot, les radis, les fèves; en Calabre, le sainfoin.

Les racines de trèfle et de luzerne sont un puissant engrais vert; les céréales qui leur succèdent donnent toujours d'abondantes récoltes.

Voilà comment de maigres friches deviennent en quelques années des terres fertiles sous la main du cultivateur actif et intelligent. N'est-ce pas le cas de s'écrier : Tant vaut l'homme, tant vaut la terre ?

ENGRAIS MINÉRAUX.

Les substances terreuses qui peuvent se dissoudre dans l'eau, et qui contiennent de la chaux, des alcalis, du soufre et des acides, sont utilisables comme engrais ou comme amendements. Dans le premier cas, elles contribuent à nourrir les plantes; dans le second cas, elles accroissent les sucs que l'humus leur fournit en accélérant sa décomposition.

Le plâtre produit de la chaux combinée au soufre, active la croissance des plantes légumineuses. Il convient aux choux, trèfles, luzernes, vesces, haricots, surtout dans les terres compactes et marneuses.

La poussière de charbon de terre ou houille et celle de tourbe peuvent remplacer le plâtre ; mais il faut qu'elles soient mêlées d'eau en grande quantité.

La chaux vive en poudre, mêlée avec une petite quantité d'eau, a la propriété de hâter la dissolution de l'humus et d'accroître la nourriture des plantes. Il ne faut donc l'employer que dans une terre riche en humus ; inutile de la mêler aux engrais animaux, comme de la répandre dans les champs nouvellement fumés.

Le sainfoin est surtout avide de cet engrais.

La *craie*, la *marne*, les plâtras ou débris de bâtisse ont la même propriété que la chaux sur la terre et sur les plantes.

Les *cendres de bois et de tourbe* répandues dans les prés ou sur les trèfles, par un temps pluvieux, sont d'un excellent effet.

Les *vases* et *terres pourries*, contenant des matières végétales et animales en état de dissolution, sont encore des engrais qu'il ne faut point dédaigner. On les fait sécher à l'air avant de les employer. Le mieux est de les mêler aux fumiers d'étable.

III. — DES DÉFRICHEMENTS.

Il faut n'entreprendre de défrichements que losqu'on a la certitude d'y consacrer le travail et les engrais nécessaires. Autrement, attendez que vos ressources vous le permettent.

Beaucoup de propriétaires se sont ruinés en défrichant, pour avoir voulu soumettre de suite leurs terrains défrichés à l'assolement des bonnes terres.

Leur illusion était causée par le produit d'une première année de blé. Mais le blé est une plante épuisante, et une terre nouvellement mise en valeur ne s'enrichit pas ainsi en un an. Après une première année de blé, il faut que la friche soit mise en pâturages et en prairies artificielles au moins pendant sept ou huit ans. Alors seulement, grâce à de bonnes fumures, elle sera en état d'entrer dans l'assolement des terres à blé.

Les friches appartiennent à toutes les variétés de terrains, et on les travaille en conséquence.

Les friches à sol argileux et compacte sont généralement couvertes d'herbe courte et épaisse. Il faut les égoutter au moyen de fossés, et mieux encore les soumettre au drainage. On rompt la surface en automne avec une charrue à labour profond. La fouilleuse qui soulève le sous-sol, sans l'amener à la surface, suivra et complétera l'œuvre de la charrue. On peut aussi disposer le gazon en tas et y mettre le feu, puis étendre les cendres. Ce moyen est excellent lorsque le sol est couvert de bruyères. La terre argileuse a toujours besoin d'être divisée et allégie. Ensuite il faudra répandre de la chaux ou des cendres de houille sur les guérets. A la fin de l'hiver on donne un second labour, plus léger que le premier : on herse en plusieurs sens pour ameublir la terre, et on peut y semer du seigle, de l'avoine, des féveroles, du colza, des rutabagas, etc.

En terre légère, les défrichements sont moins difficiles ; il faut généralement ne brûler que les tiges de bruyère, et enterrer le gazon en vert. Après l'hiver, on roule les guérets ; on y répand de la chaux, qu'on mélange à la terre avec une herse ; puis on sème du seigle avec une graine fourragère : trèfle rampant, ray-grass, phléole, etc. Après trois ans de fourrage, la friche pourra entrer dans l'assolement régulier ; mais n'y épargnez pas les fumures dans les premiers temps.

Quant aux friches à fonds tourbeux, il faut d'abord les dessécher par des fossés, des rigoles, des puits perdus ou boit-tout ; puis on lève les croûtes de gazon pour y mettre le feu par un temps sec. On y répand de la chaux, puis on y sème de l'avoine, du seigle ou des vesces.

Les friches à fonds calcaire un peu profond peuvent également devenir de bonnes terres en quelques années. Il ne s'agit que de donner un peu de fraîcheur au sol. Répandez-y de mauvaises herbes, avec du fumier de porc, et enterrez le tout avec la charrue ; puis semez-y des plantes fourragères. Si le terrain est encore trop chaud, enterrez ces plantes toutes vertes comme engrais, et soyez sûr que votre terre finira par devenir fertile.

Maintenant que nous savons comment choisir et préparer nos terres, voyons ce que nous allons leur demander en fait de produits.

IV. — DE L'EXPLOITATION AGRICOLE.

Pour bien exploiter une terre, il faut s'assurer d'abord des moyens de nourrir assez de bétail pour la pourvoir d'engrais. Lorsqu'on a peu de prés naturels à sa disposition, il est nécessaire de donner une large part à la culture des plantes fourragères.

En second lieu, il faut calculer la main-d'œuvre sur la valeur de la terre et de ses produits, pour ne pas se grever en frais improductifs de personnel et d'animaux de travail.

Pour le choix des cultures, il faut consulter les facilités d'écoulement des produits, et les ressources qu'on peut tirer du voisinage d'une grande ville, ou des denrées qui se vendent le mieux sur le marché voisin. Ainsi, aux environs d'une grande ville, la culture potagère, celle des arbres à fruits, l'élève des vaches laitières, sont les spécialités les plus lucratives. Au contraire, dans les contrées purement agricoles, on s'adonnera de préférence à l'engraissement du bétail et à la production du blé et des plantes de grande culture, suivant la nature du terrain.

V. — DES ANIMAUX DE TRAVAIL.

Pour le labourage on emploie les chevaux ou les bœufs. Les terres fortes sont d'un labour difficile, le cheval y convient mieux que le bœuf; d'ailleurs, ces terres ont besoin d'un fumier chaud, et tel est celui du cheval.

Dans une terre qui n'est ni forte ni légère, et d'une étendue suffisante, on peut avoir des chevaux et des bœufs, mais le moins de chevaux et le plus de bœufs qu'on pourra. Les premiers feront les charrois, les seconds, les gros labours.

Le cheval fait un tiers plus de besogne que le bœuf; mais il coûte plus cher d'entretien et de nourriture, et est plus sujet aux maladies; ensuite il perd de sa valeur après sept ans.

Le bœuf, au contraire, coûte peu d'entretien et de nourriture; et quand il se fait vieux, on l'engraisse, puis on le vend, au moins sans perte, sinon avec profit.

Un temps viendra, j'espère, où le joug sera remplacé par le collier pour les bœufs. La force de traction du bœuf est toute dans les muscles du tronc et non dans son cou ni dans sa tête. Le système du joug lui fait dépenser en pure perte un tiers de sa force. N'hésitez point à adopter le collier, malgré la routine.

Un cheval donne environ 8,000 kil. de fumier par an ; le bœuf de travail en donne de 12 à 15,000 ; nourri à l'engrais, il en donne 25,000. C'est-à-dire que le cheval de labour ne donne que de quoi fumer un tiers d'hectare ; tandis que le bœuf de travail en fumera deux tiers, et à l'engrais, il fumera plus d'un hectare.

Pour le choix des chevaux et des bœufs, on ne saurait trop se précautionner contre les ruses des marchands. Si vous n'êtes pas connaisseur, aidez-vous des conseils d'un habile vétérinaire, ou d'un praticien expérimenté.

Pour les bœufs de trait, on signale comme les meilleures races celles du Charolais, de la Franche-Comté, du Morvan, de la Camargue et du Cholet. Mais chaque contrée a sa race aujourd'hui. N'allez pas plus loin ; tâchez de bien choisir et ne regardez pas à quelques napoléons pour un bon attelage.

Il faut nourrir les bêtes de trait suivant le travail qu'elles ont fait. D'abord régularité dans l'heure des repas ; point essentiel pour tous les animaux.

Quand un cheval a fait une journée laborieuse, il lui faut 3 kilos de paille hachée, 8 ou 10 de foin, 10 à 12 litres d'avoine, et de temps en temps un peu de son dans sa boisson. Dans les journées de repos, il suffira de 5 kilos de paille hachée, 5 de foin et 2 litres d'avoine.

Il faudrait toujours hacher les fourrages et concasser l'avoine qu'on donne aux chevaux. Plus la nourriture est divisée, plus elle profite aux animaux ; c'est un principe général. Aussi tous les habiles nourrisseurs ont-ils un coupe-racines, un hache-paille, et un concasseur pour les grains. C'est de l'argent bien employé.

Les carottes hachées sont une nourriture précieuse pour le cheval en hiver. 10 kilos de carottes et 5 litres d'avoine suffiront amplement à la nourriture journalière d'un cheval en cette saison.

Il faut nourrir à l'étable, et non au dehors, ses bœufs et ses vaches. On les sort seulement pour les envoyer à l'abreuvoir, ou pour les faire pâturer une ou deux heures. Ce régime a pour résultat de donner beaucoup de fumier, outre qu'il engraisse plus promptement les bœufs, et augmente la quantité de lait des vaches.

Un bœuf de travail consomme 100 kilos de fourrage vert par jour, ou 26 kilos de foin quand on veut le livrer à la boucherie.

L'âne, ce pauvre animal, si injustement dédaigné des cultivateurs, est un précieux serviteur de la petite culture. Il est propre aux labours légers, et ses services sont surtout utiles pour les transports, soit comme bête de trait, soit comme bête de somme. Avec cela l'âne est sobre, aisé à nourrir, point sujet aux maladies, et demande peu à son maître en retour de ses bons services. Je ne puis voir ce pauvre animal sans compassion pour lui et ses pareils et sans humeur contre les miens; car, il est peu de sujets qui ne portent la trace de la barbarie de leur maître. Lorsque l'âne est élevé avec soin, nourri convenablement, et soumis à un travail modéré et raisonnable, il donne des sujets d'une plus belle encolure que ceux qu'on voit généralement; ils atteignent une taille et une force qui en font presque les émules de nos chevaux. Il n'est donc pas seulement inhumain de maltraiter ce pauvre serviteur, c'est encore de l'ineptie.

VI. — DU BÉTAIL.

Le bétail est le principal élément de prospérité du cultivateur. En retour des plantes fourragères que consomment ses bestiaux, ceux-ci lui donnent lait, viande, laine et fumier, outre leurs petits. Un habile éleveur est plus que la moitié d'un bon agriculteur. Tâchons de donner une idée exacte de cette partie essentielle de la culture.

DU BOEUF ET DE LA VACHE.

Nous avons parlé du bœuf de travail ; parlons de la vache laitière. On en connaît plusieurs bonnes races en France. La race bretonne me paraît la plus méritante et celle que la petite culture doit le plus rechercher. La vache bretonne est de modeste taille, mais elle est robuste, peu gourmande, facile à nourrir, et très-bonne laitière. Nourrie convenablement à l'étable, elle peut donner de 10 à 20 litres de lait par jour. 10 kil. de foin, ou 40 kil. de fourrage vert lui suffisent amplement. Arrosez toujours d'eau bouillante le fourrage sec des vaches, vous vous en trouverez bien. Si une vache donne moins de 10 litres de lait par jour, il faut s'en défaire et la remplacer. La France possède aujourd'hui plusieurs races dont on peut attendre davantage. Il ne faut pas tenir à une vingtaine de francs pour acquérir des sujets de bonne race.

Pour engraisser les bœufs et les vaches, il faut varier leurs aliments afin de prévenir le dégoût ; on mêlera à leur fourrage des substances grasses ou farineuses, telles que de la farine d'orge, les pommes de terre, le marc de betteraves ; leur boisson sera composée d'eau tiède et de farine de froment, d'orge, de seigle ; on leur en donnera matin et soir. Les grosses raves, les navets hachés et cuits, à copieuses rations, sont encore des moyens actifs d'engraissement.

DES BREBIS ET MOUTONS.

Nous possédons de nombreuses variétés de ces animaux en France. On les divise en deux classes, l'une à laine lisse, l'autre à laine crépue.

Les moutons à laine lisse ont la taille élevée et la toison grossière : ce sont les moutons de *plaine;* les autres, dits moutons de *montagne*, sont petits de taille, et ont une laine dure, épaisse et frisée.

Le mouton *commun* est le produit du mélange de ces deux variétés, sa toison est médiocrement longue et peu frisée.

Le *mérinos*, originaire d'Espagne, se distingue par une toison fine et abondante ; cette race, qui est très-robuste, lorsqu'elle est acclimatée, donne de riches profits aux cultivateurs qui savent l'élever. Elle est plus avide de nourriture que la race commune, mais elle se contente de toute sorte d'aliments, et se vend plus cher. Sa chair passe aussi pour être plus délicate. Si vous habitez un pays doux et sec, élevez des mérinos ; votre climat est-il humide et froid, choisissez une race anglaise riche en viande et en graisse.

Les brebis sont propres à l'agnelage depuis 18 mois jusqu'à 7 ans. On combine l'époque de leur mise bas avec les ressources dont on dispose pour les nourrir. La gestation étant de cinq mois, en choisissant le mois de juillet pour l'accouplement, on a des agneaux en janvier, et l'on peut soigner les mères et les petits pendant l'hiver dans la bergerie. Les agneaux tettent pendant trois mois ; au bout d'un mois on les sépare de leurs mères par une claire-voie assez large pour le passage des petits, mais trop étroite pour les mères. On donne à ceux-là dans leurs compartiments des recoupes avec du foin haché et une auge pleine d'eau pour boire. Grâce à cette disposition, ils continuent de s'allaiter et s'habituent au fourrage qui doit les nourrir exclusivement plus tard.

En été, on fait pâturer les moutons partout où il y a assez d'herbe, dans les champs moissonnés, sur le flanc des collines, dans les clairières, à travers les bruyères, les champs ensemencés, etc. Mais les endroits marécageux sont peu convenables.

Il faut éviter de les mener dans les marécages qui les exposent à diverses maladies. On ne les sortira qu'après la rosée, qui les expose au gonflement. La pluie leur est également nuisible, il faut alors les laisser à l'étable et leur donner un fourrage sec.

A l'étable, un mouton consomme environ 3 kilos de feuilles de chou par jour, 3 kilos de carottes, 3 kilos de pommes de terre ou de topinambours.

Le mouton boit peu en bonne santé : quand on le voit aller souvent à l'abreuvoir, c'est signe qu'il est malade. On doit alors ranimer son appétit en mêlant un peu de sel à sa boisson.

En été on parque les moutons dans des carrés fermés par de petites claies ou barrières en bois ; ils y entrent le soir pour en sortir le matin dès que le soleil a pompé la rosée.

Ces carrés, qu'on change tous les jours, reçoivent une fumure suffisante des urines et des excréments des moutons. On peu même les changer deux fois par jour, lorsque la nourriture est peu abondante ; alors il suffit d'un séjour de 6 heures pour fumer la place d'un parc. Mais en hiver il faut ne changer le parc que toutes les 24 heures.

On engraisse les moutons à l'étable avec une nourriture abondante, arrosée d'eau chaude ou mêlée d'un peu de son ; l'engraissement dure deux mois.

DE LA CHÈVRE.

La chèvre, dont le lait est exclusivement employé au fromage, n'est un animal profitable que dans les lieux incultes et couverts de broussailles, où elle aime à brouter toute sorte d'herbes et les feuillages des buissons et des haies. En hiver, on la nourrit comme le mouton et on lui donne du sel qu'elle aime beaucoup. Le lait de la chèvre est plus abondant que celui de la brebis. Mais elle n'offre ni laine ni viande à l'éleveur.

DES PORCS.

L'élève du porc est une des plus lucratives spéculations agricoles. Le porc est le plus fécond des animaux d'étable, celui qui se propage et s'engraisse avec le plus de facilité. Sa gloutonnerie, qui est proverbiale, lui fait tirer parti de tout, et convertit tout en graisse.

Les meilleures races que nous ayons en France proviennent d'Angleterre, où on a perfectionné toutes les sortes de bétail. La race craonnaise est une de celles qui, en France, donnent le plus de profit par la rapidité de l'engraissement et la masse de lard. Il y a de petites races anglaises qui rendent au bout d'un an une couche épaisse de lard, mais elles sont délicates et sujettes aux maladies. Choisissez une race croisée d'anglais avec nos races de pays. Un dos large, un poil très-clair, pas trop rude, des oreilles larges, souples et tombantes, des pattes fines et pas trop hautes, queue courte et non roulée en vrille, voilà des signes qui décèlent de l'aptitude à l'engraissement.

Un porc d'un an vous donnera du petit salé; mais ne l'engraissez qu'à 18 mois si vous voulez de gros lard.

L'engraissement se commence avec les racines et les pommes de terre, et s'achève avec des grains moulus ou broyés grossièrement. Les aliments cuits donnent plus de profit que crus; un peu de sel augmente leurs qualités nutritives.

La farine de pois, d'orge ou de fèves, délayée dans l'eau chaude, est un bon aliment, surtout si on la fait aigrir avant de la donner aux porcs. Cela demande trois semaines en hiver et 10 jours en été. On prépare d'avance plusieurs baquets, et on donne chaque jour la quantité voulue à des heures fixes et bien réglées. Mêlez-y toutes vos eaux de vaisselle.

L'élevage des bestiaux doit donner au cultivateur les produits suivants.

Bœuf. Un bœuf à l'engrais pendant huit mois doit acquérir 150 fr. de plus-value au moins.

Une vache ayant coûté 300 fr. donne un veau qui vaut 25 fr. à un mois et 100 fr. au bout d'un an. Ajoutez 1500 litres de lait dans son année, à 10 c. soit 150 fr. Total 175 fr. de produit sans compter le fumier.

Une brebis achetée 20 fr. produit en un an un agneau qui vaut 15 fr. à un an, un kilo et demi de laine valant 6 fr., soit 21 fr. de plus-value, outre un fumier excellent. Un mouton acheté 20 fr. l'hiver peut valoir de 27 à 30 fr. au mois de juin, après avoir donné en outre pour 6 fr. de laine : total 36 fr.

Une truie valant 120 fr. doit donner en moyenne 7 petits cochons valant à 2 mois 15 fr. chacun, soit 105 fr. Vous gardez ceux que vous pouvez engraisser, et dans le courant de l'année ils peuvent s'élever à une valeur de 100 à 200 fr., mettez 150 fr. en moyenne. C'est la source des plus gros profits en agriculture.

VII. — DES ÉTABLES.

Un point essentiel pour l'élevage du bétail, c'est d'avoir des étables bien construites et saines.

La vérité nous force à dire que l'agriculture en France est sous ce rapport dans un véritable état de barbarie. Il est impossible de produire de beaux élèves dans ces étables sales, basses, étroites, mal aérées, à sol fangeux et infect, qui donnent à nos métairies un aspect misérable et exhalent une odeur repoussante.

Ce n'est pas le fermier qui est ici le grand coupable ; ce sont nos propriétaires, qui méconnaissent, en cela, un de leurs plus sérieux intérêts. La prospérité de leurs biens dépend de la quantité et de la qualité des bestiaux qu'on y élève ; et la salubrité des étables est indispensable pour les élever et les engraisser. Toutes les maladies qui déciment le bétail de nos fermes, depuis nombre d'années, n'ont souvent d'autre cause que le mauvais état des étables.

Un cheval a besoin pour respirer à l'aise de 30 mètres cubes d'air ; il faut donc que son écurie soit haute de 4 mètres, large de 5 m. 50. Entre deux chevaux, il faut un espace de 1 mètre 50 au moins.

L'étable des vaches doit avoir 3 à 4 mètres

de haut et 5 mètres de large, lorsque les bêtes ne forment qu'un rang. Les vaches doivent de plus être à 1 mètre 30, ou 4 pieds, l'une de l'autre.

Une étable doit avoir, outre les dimensions que nous venons de dire, une porte large, des fenêtres à volets placées au haut du mur, en face de la porte ; on les ouvre lorsque les bêtes sont dehors pour renouveler l'air. Il faut que les murs soient blanchis à la chaux ; la chaux absorbe les exhalaisons malsaines, et favorise la santé des bêtes.

Le sol de l'écurie et des étables doit être sec, dur, afin d'écouler les urines dans le réservoir; autrement l'urine s'infiltre dans la terre et remplit l'air d'exhalaisons malsaines.

A la bergerie, chaque mouton doit occuper un espace de deux mètres carrés au moins.

Les porcs ne doivent pas être tenus dans la malpropreté qu'ils cherchent. Il faut qu'ils puissent se retourner facilement, et que l'air de leur toit soit fréquemment renouvelé, leur litière toujours propre et leur auge souvent nettoyée.

Ce sont là des conditions vitales pour avoir un bétail florissant. Un air pur est aussi indispensable aux animaux qu'à l'homme.

Est-ce là ce que nous voyons en France?

Ces étables basses, fangeuses, infectes,

étouffantes, qu'on rencontre partout, accusent trop l'ignorance et l'apathie des propriétaires, non moins que l'état misérable de notre agriculture.

Étonnez-vous, après cela, si nos bêtes sont malingres, difficiles à engraisser, si nos races se développent mal, ou même dégénèrent, et donnent peu de lait et peu de viande.

Propriétaires et cultivateurs, renoncez au plus vite à cette économie-là ; c'est votre intérêt autant que votre devoir.

CULTURE DES PLANTES

VIII. — CÉRÉALES.

On nomme céréales les plantes qui fournissent la matière du pain : froment, seigle, orge, avoine, etc.

FROMENT.

Le froment est la plus estimée des céréales par la bonne qualité du pain qu'on en tire. Cette plante aime une terre un peu argileuse ou forte, riche en humus, profonde, avec un peu de calcaire ou de marne, et surtout bien labourée, bien ameublie et bien fumée.

Il ne faut cultiver le froment qu'après les plantes sarclées ou les plantes fourragères, qui laissent la terre bien nettoyée des mauvaises herbes.

On cultive en France de nombreuses variétés de froment. Elles sont trop connues pour en donner ici la description. Les *gros blés* ou blés barbus, réussissent mieux que les blés fins dans les terres humides, sur des prairies défoncées, ou enfin dans un sol riche, et où les blés sont sujets à verser.

Lorsque la terre a été bien ameublie, l'on sème le blé par un beau temps, vers le milieu d'octobre. En général on sème à la volée 2 hectolitres par hectare. Aujourd'hui l'usage de planter le grain à la main tend à remplacer partout le semis à la volée; si ce mode prend plus de temps, il en résulte une économie de plus de moitié de la semence, et le rendement est plus considérable, la qualité du grain, plus uniforme et supérieure. Cela se conçoit en ce que toutes les graines sont enterrées à la profondeur la plus convenable.

Quand on veut économiser un semoir, on peut planter le blé à la main et au piquet. Une famille, composée du père, de la mère et de deux enfants, peut aisément planter un hectare par jour. Un temps viendra où l'on ne voudra plus semer le blé qu'au semoir.

On recouvre la semence avec la charrue ou la herse. Ce dernier mode est bien préférable, en ce que la herse recouvre les graines plus également que la charrue et achève d'ameublir la terre.

Après un double hersage pratiqué sur toutes les parties ensemencées, on relève avec le buttoir la terre abattue dans les sillons, et on la ramène sur les ados pour que le terrain soit bien nivelé et ne retienne l'eau nulle part.

Au lieu de herse, la plupart des cultivateurs se servent du râteau à main pour ameublir la terre. C'est une perte de temps très-regrettable. La herse est un ustensile de première nécessité dans le système d'agriculture actuelle ; toutes les plantes que nous recherchons le plus veulent une terre bien ameublie, c'est-à-dire hersée.

Les blés de semence doivent être achetés, et non pris dans la récolte précédente Les blés durs d'Angleterre, les blés durs de Toscane sont fort recherchés comme grains de semence.

Pour préserver le blé de la *carie* il est bon de le *chauler* avant la semaille, c'est-à-dire de le tremper dans l'eau de chaux pendant 24 heures.

M. de Dombasle chaule un hectolitre de grain en l'arrosant avec huit litres d'eau dans laquelle il a fait fondre une livre et demie de sulfate de soude. (On trouve cette substance chez les principaux droguistes et pharmaciens.) Il remue le tas de froment jusqu'à ce que tous les grains soient imprégnés du mélange. Ensuite il répand sur le tas, en continuant de le remuer, 2 kilos de chaux vive en poudre, légèrement mouillée.

On sème le froment du 1 octobre au 15 novembre. Les semailles tardives ne réussissent que dans les terres riches.

Après l'hiver il faut rouler les froments en terre légère et herser ceux qui sont en terre forte. La racine soulève la terre au pied de la plante dans le premier cas; dans le second, la terre est croûteuse et a besoin d'être divisée pour laisser passer l'air.

Si le blé est trop vigoureux au printemps et donne beaucoup de feuilles, on coupe à la faucille l'extrémité de ces feuilles, qui donnent un fort bon fourrage, et on préserve son blé de la verse.

Vers le mois de juin il faut enlever à la main les mauvaises herbes; on emploie comme fourrage celles qui sont mangeables, les autres sont jetées sur le tas de compost.

Quand le grain est formé et laiteux (de mai à juin), les ardeurs du soleil après une forte rosée l'exposent au *coulage*. On le préserve de ce danger en le *cordant*. Deux personnes promènent à la hauteur des épis un cordeau tendu qui les secoue, pour en faire tomber la rosée. On n'a recours à cette opération que par les temps chauds et calmes; on conçoit que si le vent s'en charge lui-même, il n'y a pas lieu de s'en occuper.

En France, on moissonne le froment vers le 16 juillet dans le Midi, à la fin de juillet dans les pays du centre, et au commencement d'août dans les contrées du Nord.

Dans la grande culture on emploie la faux et même les mécaniques moissonneuses qui deviendront, il faut l'espérer, moins chères, plus simples qu'aujourd'hui et d'un usage plus général. La sape et la faucille remplacent la faux dans la culture en sillons. La sape est plus économique et moins fatigante que la faucille.

En général, c'est à tort qu'on ne coupe les blés que lorsque leur maturité est complète.

Il en résulte une grande perte de grain, et ce grain récolté trop sec diminue de volume en se desséchant.

Il faudrait comprendre que le grain de froment ne reçoit plus rien de la terre lorsque la tige commence à jaunir; c'est l'air et le soleil qui achèvent de le mûrir, et il mûrit mieux coupé que debout. Il faut donc couper le blé dès qu'il commence à jaunir. Le grain sera plus abondant, plus volumineux, et la paille plus nourrissante; en effet, elle gardera les sucs qu'elle eût perdus en restant debout pour être desséchée par le soleil.

La meilleure manière de préserver des cluies et de faire mûrir le blé nouvellement poupé, c'est de rassembler les javelles en *moyettes.*

Une moyette se construit en assemblan

en rond des javelles autour d'une autre javelle placée au centre; les épis sont placés sur cette javelle centrale. On élève l'édifice en rétrécissant le cercle successivement. Enfin on coiffe la pointe de la moyette avec une gerbe renversée et liée solidement par le haut. La pluie s'écoule tout entière à l'extérieur de la moyette, et le grain n'en reçoit aucune atteinte.

Le battage des grains se fait tantôt en été, tantôt en hiver, suivant les convenances locales. Les machines à battre tendent à simplifier cette opération; il est à désirer que les petits cultivateurs se cotisent entre eux pour acheter ou louer ces précieuses machines, qui leur donnent un égrenage plus complet, plus rapide et plus économique que les battages à la main.

Le grain battu, on l'étend dans un grenier frais et sec, bien aéré, surtout en couches de 40 à 40 centimètres au plus. En gros tas, il risquerait de s'échauffer.

Le froment de printemps est une variété précieuse pour la petite culture. Il ne demande pas une terre aussi forte que le précédent, mais il faut qu'elle soit fraîche et rche en humus, On ne le sème que quand le sol est bien ressuyé et surtout bien ameubli.

C'est surtout à la suite des pommes de terre et des betteraves que le froment de printemps donne de bonnes récoltes.

Après avoir préparé la terre par un bon labour, en automne ou en hiver, on sème au commencement du printemps au moyen d'un fort hersage.

LE SEIGLE.

Le seigle ne se cultive que dans les terres légères et même sablonneuses, et trop pauvres pour produire le froment. Il convient aussi dans les landes nouvellement défrih ées.

On le sème après les vesces, le sarrasin, les pommes de terre, enfin à la suite des plantes qui laissent la terre bien ameublie et bien nettoyée d'herbes parasites.

Il ne faut pas semer le seigle sur un fonds solide, tel que les trèfles rompus, ni le semer tardivement ou dans une terre humide. On sème de septembre à novembre ; le plus tôt est le mieux lorsque le temps sec le permet.

Au printemps, on herse, si la terre est dure, et on roule, si elle est boursouflée par les dégels.

Le seigle doit être coupé dès que la paille commence à blanchir, surtout lorsque les nœuds commencent à perdre leur couleur verte.

Dans le voisinage des villes on cultive avec avantage le seigle pour fourrage. Il donne du lait excellent et en abondance aux vaches qu'on nourrit de ses tiges vertes. Dans ce cas, on le sème plus dru que lorsqu'il est cultivé pour graine. D'abord on donne une demi-fumure avant de semer; puis après qu'on a coupé le seigle au printemps on donne une seconde demi-fumure, et l'on plante des pommes de terre. On obtient ainsi deux riches récoltes dans l'année.

ORGE.

L'orge aime une terre légère, mais riche et fraîche, et bien ameublie. Les terres grasses et froides ne lui conviennent pas.

Dans les terres argileuses, il faut à cette céréale une bonne fumure et un ameublissement complet.

Après les plantes racines, l'orge donne de bonnes récoltes, et exige moins de travail pour ameublir le sol ; après le froment, les chances sont moindres, et c'est un usage auquel nos cultivateurs devraient renoncer; mais que la routine est tenace !

On sème par un temps bien sec, en avril, dans les terres fortes ; en mars, dans les sols légers.

S'il survient immédiatement une pluie qui

durcisse la terre, il faut donner un coup de herse avant que l'orge lève.

Contrairement au blé, l'orge ne doit être coupée que lorsqu'elle est complétement mûre. Mais il faut surveiller ce moment; car, si on tarde trop, la paille se brise et les épis se dispersent et s'égrènent.

Il y a une espèce d'orge d'hiver, dite *escourgeon*, qui est cultivée, dans certaines contrées, comme plante fourragère. C'est une nourriture excellente pour les vaches laitières. On la sème en automne, dans un sol riche et bien ameubli. On fauche cette orge au printemps et on lui fait succéder, dans la même année, une récolte de pommes de terre.

AVOINE.

Cette céréale est moins délicate que les autres; elle se plaît mieux dans les terres argileuses que dans les sols sablonneux. Elle ne craint pas non plus les sols humides et tourbeux; aussi la sème-t-on volontiers sur une prairie naturelle qu'on vient de rompre.

On fume rarement l'avoine; c'est un tort, surtout quand on y joint l'autre tort de la semer après le froment. Deux céréales successives sont une cause d'épuisement pour la terre. Au contraire, après une plante sarclée ou une plante fourragère, l'avoine donnera un bon produit, surtout si on l'a fumée avec du fumier de vache.

On cultive plusieurs variétés d'avoine ; l'avoine dite commune est la plus recommandable. L'avoine dite d'Orient ou de Hongrie est excellente, mais elle est plus difficile que l'autre sur le choix du sol.

On prépare la terre par un labour d'automne ; on sème en février ou mars, à raison de 2 ou 3 hectolitres à l'hectare. On enterre avec la herse, et on roule, si la terre est trop légère. Il faut sarcler au mois de mai, car l'avoine est sujette aux mauvaises herbes.

On coupe l'avoine à moitié verte, et on laisse le grain mûrir en javelle pendant une semaine.

L'avoine, cultivée en vert, donne un fourrage excellent. Sa graine est l'aliment tonique par excellence des chevaux. Mais elle leur profite de moitié davantage quand on la leur donne broyée ou concassée. Cette graine donne au porc un lard exquis.

MAÏS.

Le maïs, ou blé de Turquie, est une plante propre aux climats chauds. On ne le cultive en France que dans le Midi, et dans quelques contrées de l'Ouest et du Centre, douées d'un sol un peu chaud. A partir de Paris et dans le Nord, le maïs n'est plus qu'une culture d'amateur, et encore ne le cultive-t-on que comme fourrage.

Le maïs veut un climat chaud, une terre riche et légère, bien fumée et bien ameublie.

Il faut ne le semer qu'en avril, lorsque les gelées blanches ne sont plus à redouter.

On prend de la graine de deux ans ou d'un an au moins, on la fait baigner l'espace de 24 heures dans de l'eau de fumier, et on la ressuie pour la planter.

On ouvre, avec le rayonneur, des rigoles peu profondes à 75 centimètres les unes des autres. On y jette les grains un à un de 10 en 10 centimètres; puis on les couvre avec le dos de la herse.

Quand le maïs est haut d'un pied, on sarcle et on butte chaque pied pour le rafraîchir et le raffermir.

Au mois d'août, on coupe l'extrémité des tiges, afin de développer les épis en détournant la séve. On donne aux vaches ces bouts de tiges.

On plante, dans les intervalles, des tiges de maïs, des haricots, des choux repiqués, des topinambours, et même des citrouilles.

On récolte le maïs à la fin de septembre, en rompant les épis qu'on rassemble dans des paniers ou des sacs; on coupe ensuite les tiges à part, et on les donne aux vaches, qui en sont très-friandes.

On dispose les épis de maïs en tas dans la grange ; au bout de plusieurs jours, il en sort une humeur, on enlève les feuilles qui les enveloppent. Les plus grosses sont données au fourrage, les autres servent à garnir les paillasses. A Paris, la feuille de maïs se vend, pour cet usage, de 30 à 40 cent. le kilogr.

On trie les épis les plus forts pour semence. On leur laisse leur enveloppe et on les suspend quelque part, dans un endroit sec à l'abri de l'humidité.

On met les épis au four après la cuisson du pain, pour qu'ils achèvent de sécher et s'égrènent facilement.

On égrène les épis au fléau, ou mieux en les frottant contre une lame de fer.

Quant aux *chatons* qui portent les grains, au lieu de les brûler, comme on le fait dans quelques contrées, il faut les couper en petits morceaux, et les faire cuire pour les donner à manger aux vaches.

Dans les terres convenables et bien cultivées, le maïs donne de 50 à 60 hectolitres à l'hectare. Sa farine donne une nourriture très-substantielle, et rivalise avec le froment dans plusieurs parties du monde, entre autres aux Etats-Unis d'Amérique. En France, elle sert à l'alimentation des populations rurales dans plusieurs contrées du Midi ; dans d'autres pays, on l'emploie à engraisser les porcs et les volailles, les oies, etc. Enfin, cultivé pour fourrage, le maïs est un aliment de première qualité.

SARRASIN.

Le sarrasin ou *blé noir* n'est point une céréale à proprement parler ; mais, comme sa graine produit une farine propre à nourrir l'homme et les animaux, laissons-le figurer avec les céréales.

On le sème après le seigle ou le lin ; dans quelques pays, après le colza ou la navette ; dans d'autres enfin, après les vesces ou autres plantes fourragères.

Il faut au sarrasin une terre peu riche, plutôt chaude et sablonneuse que fraîche.

Il vient également bien dans les sols calcaires et schisteux. On peut se dispenser de le fumer, pour peu que le terrain l'ait été l'année précédente. Néanmoins, des cendres de bois ou de tourbe, ou des varechs, ne peuvent que lui être profitables.

On sème le sarrasin au mois de mai seulement, d'abord parce que les gelées blanches lui sont fatales, ensuite parce qu'il pousse rapidement.

On sème un hectolitre par hectare dans les contrées chaudes, un peu moins dans les climats humides, cinquante litres environ dans le Nord. Dès que la moitié des graines de sarrasin sont mûres, ce qui arrive en septembre, on le coupe et on le dispose en javelles posées debout, en écartant le pied des tiges. On les laisse ainsi sécher, puis on bat au fléau ou à la machine.

La farine de sarrasin sert à la nourriture de l'homme, dans la Bretagne surtout; elle est surtout excellente pour engraisser les volailles.

On coupe le sarrasin en vert pour fourrage, au moment de sa floraison. C'est une pauvre nourriture. Quelquefois on le sème pour fumer les terrains maigres en l'enterrant tout vert.

RENDEMENT DES CÉRÉALES.

Avec des fumures convenables, et en suivant un assolement bien entendu, ainsi que nous l'expliquerons plus loin, tout cultivateur sachant son métier doit récolter annuellement, par hectare, de 25 à 36 hectolitres de froment; 20 à 30 d'orge; 25 à 40 de seigle; 30 à 40 d'avoine, et 30 à 40 de maïs dans les pays favorables à cette plante. Autrement il est au-dessous de sa tâche.

Toutes ces plantes sont les plus essentielles pour la nourriture de l'homme ; mais leur culture exige des terres riches, bien cultivées et surtout bien pourvues d'engrais. Autrement, le cultivateur n'en tire que de chétives récoltes qui couvrent à peine ses frais et ses peines.

Nous ne saurions trop lui recommander, quand il n'a pas assez de fumier pour cultiver avec succès les céréales, de s'attacher aux plantes dont nous allons parler, et d'augmenter immédiatement son bétail et ses engrais. Hors de là, pas de salut pour lui. Tout est là en agriculture : Fais des prés si tu veux des blés. Ce n'est pas ce qu'on sème, mais ce qu'on fume qui rapporte.

Les Allemands, qui sont meilleurs cultivateurs que nous, ont un proverbe qui exprime bien cette vérité : Quand le boucher entre chez toi, le boulanger est déjà à la porte.

IX. — PLANTES SARCLÉES.

Ces plantes, qui remplacent les anciennes jachères, sont la vraie source de la prospérité agricole. Outre la nourriture qu'elles donnent à l'homme, elles lui permettent d'élever et d'engraisser un nombreux bétail dont le fumier double la fertilité de ses terres.

Ces plantes ont deux autres avantages :

1° De purger la terre des mauvaises herbes que les céréales y amassent en grande quantité ;

2° De ne point épuiser la terre, parce que leurs principaux éléments nutritifs viennent ou du sous-sol ou de l'air, de l'air surtout.

Aussi, loin de nuire aux blés, leur préparent-elles la place, et les plus beaux froments sont ceux qui leur succèdent.

Un habile cultivateur doit donc leur consacrer au moins la moitié de sa terre. Il y en a pour toute sorte de terrains, il peut les varier en conséquence. C'est ce que nous allons établir de suite en les passant en revue.

POMMES DE TERRE.

Pour cette plante-là, nous n'avons pas besoin de faire son éloge. Contentons-nous de noter qu'il y a cent ans elle était inconnue du monde entier, et qu'aujourd'hui encore il y a peut-être d'autres plantes capables comme elle de nourrir l'univers, et dont nous dédaignons la culture par ignorance ou faute de réflexion. En attendant, nous savons que la pomme de terre est la plus précieuse récolte des terres en jachère. Outre ses propriétés pour l'engraissement des bestiaux, elle offre une ressource précieuse aux pauvres familles en temps de disette. Cultivons-la le mieux possible, mais que son exemple nous apprenne à ne pas dédaigner les autres conquêtes de la science agricole.

Tous les terrains sont bons à la pomme de terre, mais il faut qu'ils soient bien ameublis et bien fumés. Les terres sablonneuses donnent des pommes de terre en abondance, si on a eu soin d'y enfouir une plante verte en guise de fumier. Dans les terres argileuses, le fumier de vache ou de porc est très-convenable à cette plante.

Il y a une multitude innombrable de variétés de pommes de terre. Choisissez dans chaque pays celles qui sont le plus estimées, et tâchez d'en avoir de plusieurs saisons; on en récolte depuis le mois de juillet jusqu'au mois d'octobre.

Après un froment, on donne un premier labour en automne, et on fume en hiver. On donne un second labour en mars, quand la terre est suffisamment ressuyée, puis on herse; et, enfin, on lui donne en avril un troisième labour pour planter de la façon qu'il suit : on divise le champ en larges planches, et l'on en ensemence deux. La personne qui plante les tubercules dans les raies est suivie à distance suffisante par la charrue, qui recouvre une planche pendant qu'elle ensemence l'autre.

On plante de deux raies l'une, et on réserve l'autre pour les espèces tardives. On peut même les espacer de trois en trois, si on a trois variétés. On laisse assez d'espace entre les lignes pour le passage des sarcloirs et des buttoirs, qui opèrent mieux et plus vite que la main seule.

On donne un hersage aux pommes de terre au moment où elles sortent de terre, pour aider leur développement. Plus tard, lorsqu'elles ont près d'un pied de hauteur, on les butte avec la charrue à deux versoirs. Il faut que cette façon ait lieu avant la floraison.

L'arrachage des pommes de terre a lieu lorsque les fanes se dessèchent.

Quelques cultivateurs ont l'habitude de couper les feuilles pour nourrir les bestiaux. C'est une pratique vicieuse; la récolte en souffre, et les animaux ne sont pas bien nourris.

On conserve les pommes de terre dans des silos, où il faut les ramasser bien sèches et les maintenir au frais, à l'abri de la chaleur et de l'humidité.

Avant la maladie qui la désole, la pomme de terre rendait de 3 à 400 hectolitres par hectare. Aujourd'hui, il faut s'estimer heureux quand on en récolte la moitié.

TOPINAMBOUR.

Cette plante n'est guère en usage dans la petite culture ; elle ne convient qu'aux grands domaines qui ont de vastes étendues de terres médiocres. Sa culture est la même que celle des pommes de terre ; mais on la sème en automne et on la récolte au printemps. Sous ce rapport, le topinambour est précieux pour continuer l'engraissement du bétail.

BETTERAVE.

Il y a quelques années à peine, cette plante n'était cultivée que comme légume pour la nourriture de l'homme. Aujourd'hui, elle joue un rôle important comme nourriture du bétail.

La betterave réussit bien dans toute sorte de terrains, mais à condition qu'ils soient profondément défoncés, parfaitement ameublis et richement fumés. Un labour en automne et deux au printemps sont nécessaires. La méthode qui donne les meilleurs résultats est celle du repiquage, surtout dans les terres fortes. En terre sablonneuse et légère, on peut s'en tenir au semis.

Voici un procédé excellent, dû à M. Bodin, directeur de la ferme des Trois-Croix, et par lequel cet habile agronome cueille jusqu'à 100,000 kilos par hectare.

Au second labour de printemps, on trace des billons étroits dans lesquels on répand du fumier de vache. On enterre ce fumier de manière qu'il se trouve sous les billons, et on repique les betteraves au-dessus. La racine, de cette façon, plonge dans le fumier, et acquiert un volume considérable.

Les semis destinés à la transplantation se font en mars ou avril, pour repiquer en mai ou juin. On prépare une pépinière avec une terre bien fumée et bien ameublie ; on place le semis en ligne, et on le recouvre avec du terreau et une légère couche de crottin de cheval.

On transplante en lignes distantes de deux pieds environ, et on laisse un pied et demi entre chaque plant. A cette distance, les racines deviennent plus grosses, et les binages et sarclages s'exécutent plus aisément.

Les semis sur place ont lieu fin avril en terre forte, et un mois plus tôt dans les terres légères. On fait tremper la graine dans de l'eau de fumier, pour la ramollir, pendant deux ou trois jours ; puis on sème au semoir ou à la main. On s'y prend à trois pour accélérer l'opération. La première personne fait, avec une petite houette, des trous de 3 centimètres de profondeur, et distants de 50 centimètres ; la seconde met 3 ou 4 graines dans chaque trou ; enfin la troisième recouvre les trous d'un peu de terre. Si on a du terreau ou de la poudrette, cette troisième personne en déposera utilement une petite quantité sur les graines ; rien de meilleur pour le développement des plantes. Il faut fouler la terre avec le pied en recouvrant la graine.

Quand les plantes ont trois ou quatre feuilles, on ne laisse qu'un pied dans chaque trou, on les sarcle ensuite chaque fois que les herbes parasites s'y montrent. La houe à cheval exécute rapidement ce travail.

Les feuilles de betteraves sont un fourrage médiocre, mais qu'on ne peut dédaigner dans les années de sécheresse ; on ne cueille que celles qui s'abaissent vers la terre et qui commencent à jaunir. On risque de nuire aux racines en cueillant les autres.

Cette culture, exécutée avec soin, donne des produits précieux pour l'engraissement des bestiaux. Le marc des betteraves employées à faire de l'alcool et du sucre, est excellent comme nourriture. C'est ce double profit qui fait de cette plante une source de richesse inestimable dans les grandes exploitations sucrières du département du Nord.

CAROTTES, PANAIS.

Ces plantes-racines, qu'on sème toujours en place, sont un produit excellent. Les carottes à collet vert surtout rendent de grands services pour la nourriture des chevaux.

On cultive ces plantes comme la betterave; mais elles sont plus exigeantes pour l'ameublissement du terrain; les sarclages et les binages ne sont jamais trop fréquents, surtout quand on les cultive dans les terres fortes. Elles se plaisent davantage dans les terres sablonneuses et profondes.

On prépare le terrain par 3 ou 4 labours profonds suivis de hersages. On sème, comme pour la betterave, sur de petits billons, et on recouvre très-peu la terre. Si on sème en lignes, 4 à 5 kilog. de graine suffisent pour un hectare. Dans un sol riche et parfaitement ameubli, on peut semer des carottes au printemps dans le lin, dans le seigle ou le froment. On arrache les carottes à la pelle ou mieux avec une fourche à dents plates. S'il pleut, on les laisse laver par la pluie; ensuite on les ramasse dans les silos ou les celliers. La carotte et le panais sont moins sensibles au froid que la betterave.

Tous les animaux mangent la carotte avec plaisir. Elle est supérieure à la betterave pour donner du lait aux vaches; mais elle lui communique sa saveur.

Le panais est encore supérieur à la carotte pour l'engraissement des bestiaux. On ne doit semer que la graine d'un an au plus; à deux ans, on ne serait pas certain de la levée

NAVET, CHOU-NAVET, RUTABAGAS.

Ces plantes se cultivent à peu près comme la betterave. Elles réussissent surtout dans les terres nouvellement défrichées.

Les semis de navets, faits en juin ou juillet, donnent de grosses racines en octobre. Il faut les faire consommer avec les autres racines, parce qu'ils se conservent plus difficilement.

Les rutabagas doivent toujours être transplantés, parce que les jeunes plants sont délicats et veulent une terre parfaitement travaillée et fumée. On les transplante par un temps humide, s'il se peut; ils reprennent avec peine par un temps de sécheresse. On écarte moins les plants que pour les betteraves. On arrose les navets et les rutabagas avec du purin étendu de dix fois son volume d'eau.

En général, l'engrais liquide est précieux pour les plantes-racines.

6

Ces racines doivent produire environ 40 à 50 mille kilos par hectare. Pour les conserver on arrache les feuilles, qui sont bonnes comme fourrage pour les vaches; puis on les dispose en tas contre un mur, en les couvrant de terre et de paille.

X. — PLANTES FOURRAGÈRES

Les prairies naturelles sont insuffisantes dans la plupart de nos exploitations agricoles. On y remédie par les fourrages artificiels, dont les principaux sont : le trèfle, la luzerne et le sainfoin.

DU TRÈFLE.

On cultive quatre variétés de cette plante. Ce sont : 1° le trèfle des prés ou trèfle commun ; 2° le trèfle blanc ; 3° le trèfle incarnat ou d'Italie ; 4° le trèfle à fleurs jaunes.

Le trèfle se plaît dans les sols argileux calcaires bien ameublis. Dans les terres froides, aigres et acides, il faut y répandre de la cendre ou de la chaux en grande quantité.

On sème le trèfle avec la céréale qui suit une plante sarclée, c'est-à-dire une céréale de printemps; on le sème aussi avec le sarrasin. On sème 15 à 20 kilos de graine par hectare, par un temps couvert; puis on recouvre avec le dos de la herse ou en traînant un fagot d'épines sur le sol.

A l'entrée de l'hiver, on étend sur la tréflière du fumier de vache ou de porc. Cette fumure abrite le trèfle contre les gelées et donne de la vigueur au fourrage.

En avril, par un matin de forte rosée, on sème à la volée 200 litres de plâtre en poudre sur chaque hectare. Dans la Flandre, on cendre le trèfle avec de la cendre de tourbe, ou on le fume avec des engrais liquides, ou du compost de terre et de chaux, arrosé d'urine.

On garde une tréflière deux ans, et on enterre après la seconde coupe. Il faut ne ramener le trèfle dans le même champ que tous les six ou sept ans.

On fauche la première coupe en juin lorsque le trèfle est en fleurs, et, autant qu'il se peut, par un beau temps. On le laisse en andains un jour et demi; on les défait le lendemain, et on les convertit en petits tas de 50 à 60 centimètres de haut et de large. En trois jours, le trèfle est à moitié sec ; alors on l'entasse en petits meulons, où l'air puisse pénétrer et circuler. S'il pleut, et que la pluie entre dans ces tas, on les défait, puis on les retourne après la pluie.

Une bonne tréflière doit produire 5,000 kilos à l'hectare pour la première coupe, et 3,000 pour la seconde.

Le trèfle incarnat, originaire du Midi, se plaît dans les terrains sablonneux et légers, surtout lorsqu'ils contiennent du calcaire; les sols argileux ne lui conviennent pas. On le sème en août après une céréale. Si cette céréale a laissé la terre en bon état, un hersage suffira pour la semence, qu'on enterrera avec un traîneau d'épines. On emploie 30 kilos de semence par hectare; si on choisit celle qui n'est pas séparée de son enveloppe, qui lève mieux, on en sèmera 100 kilos. On fauche ce trèfle dès qu'il commence à fleurir.

LUZERNE.

C'est le meilleur et le plus abondant des fourrages; mais la luzerne ne s'accommode pas de toutes les terres. Elle exige un sol riche, profond, et dont le sous-sol ne soit pas chargé d'humidité. Les terres qui contiennent du calcaire lui conviennent assez généralement : j'en ai vu réussir dans des terrains sablonneux où l'on semait de la chaux en notable quantité.

On sème cette plante, comme le trèfle, dans une céréale. Elle n'est en plein rapport que la troisième année; mais, dans les bons terrains, elle peut durer dix ou douze ans. Aussi ne doit-on rien négliger pour bien préparer le terrain destiné à la recevoir.

Les racines pénètrent à un mètre et au delà dans le sol. Si elles y rencontrent de l'argile épaisse, la plante succombera; mais si elles s'implantent profondément, le fourrage abondera tout l'été, même dans les grandes sécheresses.

On prépare le sol l'année précédente par des cultures sarclées, puis on donne une riche fumure; elle est d'autant plus utile qu'elle doit servir longtemps, car on ne rompt les luzernières que de la huitième à la dixième année.

Au printemps, on donne à la jeune luzernière un coup de herse, pour lui incorporer les terreaux, la chaux, les cendres, les fumiers bien consommés et autres substances analogues, mais par-dessus tout le plâtre.

Ainsi que le trèfle, la luzerne se coupe de bonne heure, et on échelonne les coupes de manière à ce qu'elles se suivent sans interruption. Une bonne luzernière est un trésor pour l'éleveur de bétail; et, une fois établie, elle ne demande d'autres soins que quelques fumures, et de temps en temps un peu de plâtre en poudre.

LUPULINE OU MINETTE.

C'est une sorte de luzerne plus petite que la luzerne proprement dite, et moins productive. On la sème dans les terres calcaires et sèches, où les autres fourrages viendraient mal. Si elle ne pousse pas haut, on la fait pâturer ; puis on l'enterre toute verte, pour fumer la terre. C'est un bon engrais vert.

On sème 20 kilogrammes de graine par hectare.

SAINFOIN.

Le sainfoin est un fourrage excellent et très recherché des bestiaux. Il se plaît dans les sols calcaires même de médiocre qualité. Dans le voisinage des fours à chaux, où on peut se procurer cette substance avec facilité, le sainfoin donne du foin supérieur à celui des prés.

On sème, comme pour le trèfle et la luzerne, dans une céréale, et on enterre la graine à la herse. On met six hectolitres par hectare.

Le sainfoin, comme la luzerne et le trèfle, s'accommode de tous les sols, pourvu qu'il y entre du calcaire. Un labour profond, une terre ameublie et bien nettoyée et bien fumée, un ou deux hersages et un mélange de terreaux calcaires, tels sont les moyens d'avoir de bon sainfoin.

Le sainfoin ne donne qu'une coupe; il vaut mieux le faire consommer sec que vert.

VESCES.

Les vesces aiment un sol argileux, où elles succèdent avantageusement aux céréales. On donne un labour après la céréale, puis un second labour pour semer. On sème 3 hectolitres de graines par hectare, puis on enterre avec la herse.

On sème au mois de septembre ou octobre la vesce d'hiver, et en mars, après un labour d'hiver, la vesce d'été. Ce fourrage doit rendre de 4 à 5,000 kilos à l'hectare.

On choisit pour graine, les plantes les moins vigoureuses; elles rendent plus que les autres.

LUPIN JAUNE ET BLAN.

Le lupin est une plante fourragère très-estimée dans les pays méridionaux. Il convient peu aux contrées du Nord, parce qu'il craint le froid. Le lupin jaune est plus robuste que le lupin blanc; c'est un fourrage précieux dans les terres pauvres et arides. On le sème également pour engrais vert. En Allemagne, cette plante a rendu d'immenses services; grâce à elle, on a pu convertir en terres arables de vastes étendues de pays incultes.

PIMPRENELLE.

Cette plante, qui forme d'excellents pâturages, se contente de toute sorte de terrains, pourvu qu'il s'y trouve du calcaire. On la sème en avril, et on la laisse pousser sans y toucher jusqu'à la fin de l'hiver. Alors on la fait pâturer par les moutons, qui s'en trouvent très-bien.

C'est une ressource précieuse pour les terrains pauvres et vastes dont on ne peut tirer parti pour la culture.

RAY-GRASS.

Cette plante est également propre aux prairies artificielles et aux prairies naturelles. On en connaît deux espèces : le ray-grass d'Italie et celui d'Angleterre. La première a la tige plus tendre et plus vigoureuse, mais elle est plus difficile sur le choix du terrain et dure moins. Elle veut une terre forte et substantielle; le ray-grass anglais, lui, réussit en tous terrains.

On sème en automne ou au printemps environ 50 kilos par hectare; on recouvre très-légèrement.

Cette plante est estimée comme pâturage : les moutons recherchent beaucoup le ray-grass d'Angleterre; mais, pour fourrage, celui d'Italie est préférable. Quand il doit être suivi d'une céréale, on enterre la dernière coupe pour la convertir en engrais.

CHICORÉE SAUVAGE.

Cette plante donne un bon fourrage aux vaches et aux cochons. Cependant il faut la mélanger avec d'autres fourrages pour les vaches; seule, elle diminuerait la qualité du lait.

On sème la chicorée sauvage en mars, dans une céréale de printemps, à raison de 15 kilos à l'hectare. On ne la fait consommer qu'en fourrage vert.

DE LA FENAISON.

La fenaison des fourrages artificiels est plus difficile que celle des foins naturels.

Le trèfle et la luzerne doivent être peu remués pour conserver les feuilles; il suffit de retourner les andains sans les faner. On entasse ce fourrage en meules pour que la fermentation s'y établisse modérément. Ensuite on le met en bottes et on le porte au grenier.

Voici un autre moyen de sécher les fourrages, qui est d'un bon effet :

Le lendemain de la fauchaison, on met le foin en gros tas. Deux ou trois jours après, quand la fermentation l'échauffe, au point de ne pouvoir y plonger la main, on défait le tas, et le foin se refroidit à l'air ; on reconstruit encore un nouveau tas, en mettant à l'intérieur le foin qui était au dehors. La fermentation recommence ; quand elle est assez forte, on défait la meule et le fourrage sèche promptement.

Le trèfle; les vesces et autres fourrages ainsi traités ont une couleur brune d'assez triste aspect; mais les bestiaux les préfèrent à tous les autres fourrages.

XI. — PRAIRIES NATURELLES.

Bien que les prés donnent du foin et des regains sans culture, les cultivateurs ont un très-grand intérêt à s'en occuper. Pour en obtenir d'abondantes récoltes, il faut les arroser et les fumer.

Les terreaux ramassés dans les cours, les

balles de céréales et débris de graines, les cendres lessivées, la suie, etc., délayés dans les purins, sont de précieux engrais pour les prairies. Les purins, ajoutés à l'eau des irrigations, sont encore un puissant moyen d'en tirer des coupes extraordinaires.

Les prairies ainsi arrosées donnent jusqu'à 6,000 kilos de foin par hectare.

Lorsqu'on veut transformer un terrain riche et frais en prairie, on commence par nettoyer le sol, en y cultivant une plante sarclée. A l'époque de la semaille on laboure, puis on herse en plusieurs sens, pour bien égaliser la surface. On sème les graines de prairie à deux époques de l'année : au printemps, avec une céréale, ou en septembre, seules ; c'est la meilleure saison. On sème souvent les graines ramassées dans les fenils, mais il faut faire attention qu'elles soient de bonne qualité et qu'elles conviennent à la terre qu'on convertit en pré.

Les ray-grass, la lupuline, le trèfle, le paturin des prés, la fétuque, la phléole, etc., sont les plantes les plus convenables pour les prés. En général, on sème à la volée, les graminées d'abord, les trèfles et lupulines ensuite, pour que la semaille soit égale partout. Le poids inégal de ces graines ferait tomber les unes plus près, les autres plus loin du semeur, s'il les semait toutes ensemble.

On recouvre ces semences avec un léger coup de herse. Il faut qu'elles soient très-épaisses. Une semaille faite en septembre donne une récolte au mois de juin suivant.

Quoique l'humidité soit utile aux prés, il faut éviter que les eaux y croupissent, ainsi que nous l'avons dit plus haut. Aussi le drainage y est fort utile.

Pour arroser les prés riverains d'un cours d'eau, on y fait des rigoles, ou on pratique de petits barrages successifs avec des mottes de terre ; on fait ainsi monter l'eau d'un barrage à l'autre jusqu'au haut du pré.

Au printemps, on disperse la terre des taupinières et on herse avec des faisceaux d'épines, pour étendre les cendres et terreaux qu'on a répandus pour fumer le pré.

Il faudrait s'abstenir de faire pâturer les prés dans les saisons de pluies. Le pied des vaches enfonce dans le sol et y fait des trous et des inégalités très-nuisibles à l'herbe. C'est surtout après les gelées que ce genre de dégât est préjudiciable aux prairies.

Les prairies hautes doivent être mises en culture tous les dix ou quinze ans. Après une année de céréales suivies de plantes sarclées, le tout avec de bonnes fumures, on les remet un nature de pré, et elles donnent des produits eaucoup plus abondants que si on les avait bandonnées à elles-mêmes.

DE LA FENAISON.

La bonne qualité des foins dépend, avant tout, des soins et de l'intelligence qu'on apporte dans la fenaison.

Une faute trop générale chez les cultivateurs, c'est de faucher les foins trop tard. L'herbe doit être coupée en pleine fleur, car c'est à ce moment qu'elle est le plus riche en sucs nourrissants et surtout en sucre. Ces sucres s'en vont avec la fleur, et plus tard le foin perd une grande partie de sa valeur.

Aussitôt le foin coupé on l'étend au soleil et on le retourne deux ou trois fois par jour. Dès qu'il est assez sec, on le met en gros tas ou andains. On défait ces andains et on les refait jusqu'à ce que le foin soit tout à fait sec. Alors on le dispose en grosses meules où il subit une fermentation qui en développe les qualités. Après cette fermentation, on le met en bottes et on le rentre. Le foin se conserve mieux en bottes que tassé dans un fenil, et on mesure mieux la ration des animaux.

On fauche les prairies artificielles comme le foin, lorsque les plantes sont en fleur. Ces plantes sont plus difficiles à sécher que le foin et elles perdent plus facilement leurs feuilles. Il en résulte une difficulté qu'on peut tourner de la façon suivante. Disposez votre herbe en un gros tas le lendemain de la fauchaison. En deux jours elle sera en fermentation, et la chaleur sera telle que la main s'y tiendra difficilement. Alors défaites le tas pour refroidir le fourrage et le dessécher un peu. Le soir refaites le tas; puis défaites-le de nouveau jusqu'à ce que la fermentation ait cessé. Alors votre herbe est bonne à botteler et elle constitue un fourrage nourrissant et plus recherché des animaux que le foin ordinaire.

II. — PLANTES LÉGUMINEUSES FARINEUSES

HARICOTS.

Le haricot n'est pas assez cultivé en agriculture. C'est pourtant une plante d'un beau produit.

On le sème au mois de mai, plutôt à la fin qu'au commencement, car les gelées du printemps lui sont redoutables. Bien entendu, il s'agit des haricots nains; les haricots à rames sont un produit du jardinage. On en sème deux hectolitres par hectare dans une terre parfaitement fraîche et ameublie ni trop sèche ni trop mouillée, après une récolte d'avoine sur vieux fumiers. On ouvre des rigoles de trois à quatre centimètres de profondeur, à un demi-mètre les unes des autres ; on y répand douze graines par mètre, on enterre puis on passe le rouleau par un temps sec.

On arrache les haricots mûrs au mois de septembre, on les lie en petites bottes, puis on les laisse sur le terrain, les gousses en bas, les rames en l'air, pendant trois ou quatre jours ; enfin on les rentre et on les étend sur des perches en un lieu abrité, mais bien aéré, grenier ou hangar.

Lorsqu'ils sont bien secs, on les égrène au fléau.

En moyenne le haricot doit donner de 25 à 30 hectolitres par hectare. Aux environs de Soissons, il y a des fermiers qui paient leur fermage avec les haricots, du reste fort renommés, de ce pays. A Paris, on les paie de 40 à 50 fr. l'hectolitre, ce qui porte à 1,200 fr. environ le revenu d'un hectare. Ce n'est point là une plante à dédaigner sans compter que la terre est toute préparée pour recevoir le froment de l'année suivante.

POIS.

Les *pois* ou *petits pois* aiment un sol moyen, c'est-à-dire ni très-léger ni très-gras. On les fume peu, mais avec du fumier bien consommé. N'y mettez pas de fumier pailleux.

On déchaume au mois de septembre. Six semaines plus tard on donne un labour profond ; au printemps, si la terre est maigre, on y répand des boues de ville, du compost ou du fumier bien consommé ; on herse immédiatement après. On ouvre des rigoles de près de dix centimètres où on espace les graines à cinq centimètres les unes des autres ; on laisse une raie vide sur deux, de manière qu'il y ait un espace de trente-deux centimètres entre les plants de pois.

On arrache les pois en août, quand les feuilles jaunissent; on les dispose en bottes et on les laisse ainsi sur le champ pendant quelques jours; puis on rassemble plusieurs bottes en une masse et on rentre sa récolte en cet état.

On fait manger les fanes sèches de pois aux vaches et aux moutons.

Les pois rapportent en moyenne de 20 à 25 hectolitres par hectare. Ils ne sont pas d'un moindre rapport que les haricots.

FÉVEROLLES.

La féverolle, nommée en quelques pays *fève de cheval*, se plaît dans les terres argileuses épaisses, dans les terres argilo-sableuses, dans les prés nouvellement rompus. On la fume avec du compost, des cendres, du purin et du fumier de vache. Elle se cultive du reste de la même manière que le haricot.

LENTILLES.

La lentille se cultive de la même façon que le haricot. On a généralement le tort grave de la semer dans des terrains pauvres et mal fumés. Dans un sol de fertilité moyenne et bien ameubli, la lentille donne un produit assez avantageux. On la sème en mars à raison de 2 hectolitres au moins par hectare, dans des raies distantes de 50 centimètres. On sarcle et on bine au besoin. Enfin, quand les gousses brunissent, on arrache et on fait sécher, comme pour les haricots

On donne les fanes de lentilles pour fourrage aux bestiaux.

FÈVES.

Les fèves aiment les terres fortes et épaisses. On les sème en lignes, pour pouvoir y opérer des binages, en février ou mars, à raison de trente graines par mètre. On donne un vigoureux hersage quand les graines sont levées, puis on bine quand les mauvaises herbes se montrent.

Toutes ces plantes sont d'un bon produit et préparent bien la terre pour une récolte de froment.

XIII. — PLANTES INDUSTRIELLES.

On appelle ainsi les plantes qui ne servent à nourrir ni l'homme ni les animaux et qui sont utilisées par l'industrie. Ce sont, par exemple : 1° les plantes *textiles*, c'est-à-dire dont on fait des *tissus*, telles que le chanvre et le lin ; 2° les plantes *tinctoriales*, c'est-à-dire qui servent à la *teinture* : le pastel, la garance, etc.; 3° les plantes *oléagineuses*, ou servant à faire de l'*huile*, comme le colza, l'œillette, etc.

Remarquons que les plantes industrielles exigent une terre plus riche que les autres, parce qu'elles ne lui rendent rien ou presque rien, tandis que les plantes fourragères, et même les céréales, rendent au sol, sous forme de fumiers, la nourriture qu'elles y ont prise.

Ne vous laissez donc pas allécher par le haut prix des plantes industrielles, car il faut déduire du bénéfice qu'elles vous rapportent les fumures qu'elles vous coûtent et qu'elles ne peuvent remplacer. De là la nécessité d'acheter des engrais, tels que le noir animal, le guano, etc. Cependant il y a des plantes qui, bien que cultivées dans un but industriel, donnent du fourrage et de l'engrais comme accessoires. Ainsi le colza donne ses fanes comme fourrage et comme litière. Aussi aurons-nous soin de tenir compte de cet avantage en parlant de leur culture. Mais, avant tout, songez à bien entretenir votre sol; et, en calculant la valeur de ses produits, tenez toujours compte de ce qu'ils rendent à la terre en même temps que du profit qu'ils rapportent.

PLANTES TEXTILES. — CHANVRE.

Cette plante veut une terre fraîche et profonde, bien défoncée et ameublie par plusieurs labours en un ou deux hersages. Les terres élevées et sèches ne lui conviennent pas.

On sème en mai, à la volée, 3 hectolitres par hectare; on recouvre avec la herse, puis on répand sur les semences une légère fumure de fumier chaud (cheval ou mouton).

Le chanvre pousse vigoureusement, lorsqu'il est dans un sol qui lui convient. Il est alors inutile de le débarrasser des mauvaises herbes, mais il faut le préserver du bec des petits oiseaux qui en sont très-friands.

Lorsque le chanvre mâle est défleuri, on l'arrache brin à brin ; on n'arrache les brins femelles que quand la graine est mûre.

Il faut remarquer ici que, dans nos campagnes de l'ouest, on nomme mâle le chanvre femelle et réciproquement. J'ignore la cause de cette singulière méprise. Il est pourtant naturel d'appeler femelles les plants qui portent les graines, comme chez les animaux la femelle porte les petits.

LIN.

Le lin veut, comme le chanvre, une terre bien préparée et engraissée depuis plusieurs années.

Si la fumure est insuffisante, on peut y remédier en semant du guano.

Dans une terre de bonne qualité, on peut semer le lin sur une tréflière ou une prairie rompue, après un seul labourage. Cette semaille a lieu au printemps ou en automne. Le lin de printemps donne une filasse plus fine.

On sème 2 ou 3 hectolitres de graine par hectare, et on la couvre légèrement avec une herse ou un râteau. On sème plus épais encore, si on veut avoir une filasse fine. On sarcle avec soin le jeune plant, lorsqu'il est envahi par des herbes étrangères.

Lorsque le lin commence à jaunir, on l'arrache avec la main. On le lie en poignées qu'on fait sécher en les posant debout sur le sol. Huit ou dix jours après, la graine étant sèche, on égrène le lin en le battant sur un billot avec un morceau de bois de forme arrondie.

DU ROUISSAGE

On fait rouir le lin ou le chanvre en les faisant séjourner dans l'eau pendant huit à dix jours. Les eaux stagnantes sont plus efficaces que les eaux courantes, mais les émanations en sont malsaines; il faut choisir celles qui sont éloignées des habitations.

Après le rouissage, on fait sécher au four les tiges du chanvre et du lin. Ensuite on les broie pour en séparer l'écorce ou la filasse.

La graine du lin se vend au commerce, et s'emploie rarement pour semence. Les cultivateurs trouvent de l'avantage à semer les graines qui nous viennent de Russie, sous le nom de lin de Riga.

PLANTES A HUILE. — COLZA.

Le colza affectionne les terres fortes et les climats humides et brumeux. C'est une riche source de revenus dans le nord de la France et en Belgique. On le sème de deux façons : ou en pépinière, aux mois de juin et juillet, pour le transplanter en automne; ou à la volée, vers la fin de juillet, pour le laisser à demeure. De cette façon, on sème de 7 à 8 kilos par hectare.

La terre, bien entendu, doit avoir été bien ameublie et bien fumée avant la semaille. Les meilleurs engrais pour le colza sont le fumier de mouton ou de cheval, les boues d'étang et le guano.

On récolte le colza dès que les gousses commencent à jaunir; il ne faut pas attendre la parfaite maturité du grain, on en perdrait trop en ramassant la récolte. On laisse le colza coupé en javelles pendant trois jours; ensuite on en dresse des meules qu'on couvre de paille. On défait ces meules au bout de six semaines et on bat le colza en grange.

Le colza rend jusqu'à trente hectolitres par hectare. Mais on se contente de vingt, et c'est encore un beau bénéfice.

Les racines de colza desséchées servent à chauffer le four dans les familles peu aisées.

Les pailles sont utilisées pour litières, et les siliques ou gousses sont mêlées au fourrage; mais il est bon de les amollir d'abord en les passant à l'eau bouillante.

NAVETTE

Cette plante est plus avantageuse que le colza dans les terres de médiocre qualité. Les sols légers et nouvellement défrichés lui conviennent assez, et, dans ce cas même, elle ne réclame pas d'engrais. Les fumures, dans les autres cas, ainsi que les travaux de culture, sont les mêmes que pour le colza. On sème la navette d'hiver d'août à septembre, à raison de 4 à 5 kilos par hectare. La navette de printemps se sème en janvier, lorsque les gelées ont détruit les semences d'automne.

OEILLETTE OU PAVOT.

L'œillette veut une terre riche et bien ameublie. On la sème en automne et même en hiver; elle est assez rustique et résiste bien aux rigueurs de cette dernière saison. On sème à la volée à raison de 2 kilos 1/2 par hectare. On recouvre légèrement avec le dos de la herse, puis on passe le rouleau. Sarclez avec soin les mauvaises herbes à mesure qu'elles se montreront.

Quand les têtes du pavot commencent à jaunir, il faut les arracher doucement et en les tenant droites pour éviter des pertes de graines. Un autre mode d'opérer consiste à couper les têtes sur place, puis à les serrer dans des draps ou des sacs, pour achever de les sécher au grenier.

XIV. — ÉCONOMIE DU BÉTAIL. — ASSOLEMENT.

N'ayez que la quantité de bétail que vous pouvez bien nourrir. Le bétail mal nourri ne donne ni engrais, ni lait, ni viande. Il faut que vos cultures soient dirigées avant tout vers la nourriture des bestiaux, ils vous donneront la vôtre avec l'abondance des fumiers. Un hectare de blé bien fumé vous donnera plus que deux mal fumés, et avec moitié moins de peine.

Pour que votre assolement remplisse ces conditions, vous partagerez vos terres en quatre parts ou soles, autant, du moins, que le comporteront leur nature et les débouchés qui vous sont ouverts. Dans chaque sole vous ferez succéder au blé, qui est une plante épuisante, un fourrage artificiel, qui est une plante améliorante; la troisième année vous mettrez une céréale de printemps, orge, avoine, froment, etc., suivant la qualité de votre terre; et la quatrième, des plantes-racines : betteraves, carottes, navets, pommes de terre, etc. (1).

Une terre ainsi cultivée, moitié en grains, moitié en nourriture pour les bestiaux, se maintiendra dans une fécondité continuelle. Si vous y joignez un quart de prés naturels vous pourrez avoir une ou deux têtes de bétail de plus, et le tout n'en vaudra que mieux.

LE CHEVAL.

Si vous avez des terres fortes à labourer et des charrois difficiles et nombreux à exécuter, le cheval vous convient mieux que le bœuf. Alors logez-le dans une écurie disposée comme l'étable pour l'écoulement des urines ; que l'air y circule largement ; que les murs soient blanchis à l'eau de chaux et que le plancher ne soit pas traversé par la poussière du fenil. Il faut que ce plancher soit haut de quatre mètres et que le cheval

(1) Une plante épuisante est celle qui mûrit sur pied avec ses graines, comme le blé, parce que la racine seule nourrit la graine lorsqu'elle commence à mûrir. Les plantes qu'on coupe en vert ne consomment jamais tout leur engrais, qui est le principal agent de leur nourriture, et leurs racines engraissent la terre. Les plantes-racines aussi reçoivent plus de l'air que de la terre, et sont également améliorantes.

ait un mètre et demi carré d'espace ; autrement il manque d'air.

Il faut au cheval qui fatigue cinq kilos de foin, autant de paille hachée et deux litres d'avoine par jour. L'avoine, comme toutes les graines, profite deux fois plus lorsqu'on la donne broyée qu'entière. Cela se conçoit : la farine qu'elle contient est mieux digérée par le cheval. Ajoutez des carottes hachées au fourrage du cheval, il s'en trouvera mieux.

Si vous avez une jument qui porte, il faut la nourrir avec des soins particuliers et les continuer pendant l'allaitement du poulain. Mêlez de l'eau chaude à son fourrage, et ajoutez-y des carottes cuites et des grains broyés. Ne la faites travailler qu'au bout de trois semaines, et modérément après la mise bas ; si elle s'échauffait, son lait perdrait sa qualité.

Le poulain sera sevré à six mois, et on l'habituera peu à peu au régime de la mère.

Il faut étriller et brosser avec soin les jeunes chevaux. Les bons éleveurs donnent les mêmes soins aux bœufs et aux vaches, et ces animaux s'en trouvent fort bien. Pourquoi pas ? Est-ce que les soins de propreté, la pureté de l'air ne sont pas un besoin commun à l'homme et à ses bestiaux ? Le bon sens le dit et l'expérience le confirme

Que vos animaux aient toujours une litière fraîche, qu'ils respirent toujours un air pur et sain, que la transpiration de la peau soit stimulée par des lavages et des brossages fréquents, leur santé et leur embonpoint seront votre récompense.

XV. — DE L'OUTILLAGE.

Il faut beaucoup de travail à la terre, jamais elle n'est trop travaillée; aussi les instruments qui font le plus de besogne, et avec économie de temps, sont-ils d'un grand secours au cultivateur. Mais la mécanique agricole est peu avancée chez nous et ses produits coûtent très-cher. Il est prudent de n'acheter que ce qui est indispensable. Souvent les petits cultivateurs pourraient s'entendre et se cotiser pour acheter les grandes machines. Par exemple, cinq cultivateurs habitant la même vallée dépensent à eux cinq 250 fr. par an pour leur battage. Si en ce cotisant pour avoir une machine à battre ils réduisaient ces frais de moitié ou des deux tiers, leur machine serait payée en deux ans et l'économie de peine et de temps serait autant de profit pour l'avenir. Ajoutons qu'ils pourraient louer à d'autres la machine et en payer une partie avec le prix du louage.

Les tarares, si précieux pour épurer les graines de semences; les concasseurs pour les graines, qui les rendent si profitables au bétail; les moulins à la farine, qui affranchissent du lourd impôt payé au meunier, tous ces ustensiles, trop chers pour un ménage seul, peuvent s'acquérir en société. Les faucheuses mécaniques, pour les foins et les blés, peuvent aussi, achetées et louées, donner une très-grande économie dans la main-d'œuvre.

Les charrues qui défoncent profondément le terrain, les herses (la plus utile de toutes est la herse-Bataille, qui tient lieu de charrue et de rayonneur, opère trois fois plus vite et s'adapte à tous les terrains, grâce à ses lames mobiles), les houes, buttoirs, sarcloirs à cheval, sont des instruments très-utiles pour la culture améliorante. N'hésitez pas à les acheter, ils vous rendront des services dix fois supérieurs à la dépense qu'ils vous auront coûté.

XVI. — GRANGES ET HANGARS.

La grange et les hangars sont nécessaires pour abriter contre les pluies les fourrages, le bois et les ustensiles de toute sorte, même les charrettes, etc. Ces objets coûtent fort cher et les intempéries les dégradent promptement : le fer se rouille; le bois travaille, se fend et se tord. Tâchez de disposer votre paille et votre foin en meules bien régulières et bien tassées; le fourrage est meilleur conservé au grand air que dans les fenils, et réservez les constructions abritées pour votre matériel, ce sera double profit.

XVII. — A LA MAISON.

Pendant que le mari est aux champs et travaille la terre avec son fils ou son aide, la maison n'est ni déserte ni oisive. Là règne, gouverne et travaille sa campagne, honnête et laborieuse créature, qui ne commande à ses inférieurs que ce qu'elle ne peut faire elle-même. Toujours la première au travail et la dernière au repos, c'est l'âme de la maison, l'ange gardien du foyer, le bon conseil et le bras de son mari. Tout s'anime, tout marche par ses soins; les bestiaux reçoivent leur ration; les écuries sont nettoyées, les porcs sont soignés, la basse-cour est approvisionnée; le jardin est cultivé, et enfin les gens de la maison trouvent leur soupe servie en rentrant au logis.

C'est une rude vie que celle de cette vaillante fermière ; mais l'habitude du travail, la santé, fruit d'une vie sobre et active au grand air, les traditions modestes et honnêtes du foyer paternel, lui ont inoculé, dès l'enfance, le goût de ses occupations.

Quel malheur que ces heureuses dispositions n'aient pas été secondées par une instruction appropriée à son état ! Elle y aurait puisé bien des notions et des recettes qui auraient amélioré les fruits de son travail ; elle y trouverait plus de profit et de bien-être pour elle et sa famille.

Essayons d'y suppléer, s'il est possible, et après l'avoir saluée avec le respect dû à ses humbles et fortes vertus, asseyons-nous à son humble foyer, et tâchons de l'aider de quelques avis utiles.

XVIII. — SOINS DU BÉTAIL.

Visitons d'abord l'étable des vaches. Il est convenu que nous voulons beaucoup de lait et beaucoup de fumier ; pour cela, notre bétail restera à l'étable la majeure partie du temps. Il ne sortira que le matin et le soir pour s'abreuver. Donc il faut que l'étable soit saine et spacieuse. Elle aura au moins 10 pieds de haut et chaque vache occupera 3 mètres carrés. Le sol sera ou pavé ou couvert de terre glaise ou de marne bien battue, de manière que l'urine ne s'infiltre pas dans la terre; il sera en pente, et au bas une rigole conduira les urines dans le réservoir à purin. Enfin une fenêtre à châssis mobiles, placée au haut du mur vis-à-vis la porte, servira à renouveler l'air pendant l'absence des animaux. Si vous faites des économies sur ces détails, vous les payerez au vétérinaire; vos animaux seront moins vite engraissés et vous aurez moins de lait et de beurre. La santé et l'embonpoint de vos bêtes, c'est la la moitié de votre avoir.

Nourriture. — Vos vaches recevront une quantité d'aliments proportionnée à leur poids. Généralement une vache s'entretient avec 5 kilos de fourrage et de la paille à discrétion. On donne le matin une ration de foin; vers huit heures, des betteraves ou des navets; à onze heures, de la paille; à deux heures, des racines; à quatre heures, du foin; à six heures de la paille: cela fait six rations. On peut se contenter, à la rigueur, de quatre. Mais il est essentiel de les donner à des heures fixes. 12 à 15 kilog. de plantes-racines, ajoutés aux fourrages, donnent un embonpoint remarquable aux vaches et accroissent notablement la quantité de lait. Si vous hachez menu le fourrage, et coupez les racines en très-petits morceaux, la nourriture profitera davantage. Donnez-leur aussi une sorte de *soupe* faite d'eau tiède mêlée avec de la farine d'orge, des feuilles de choux ou des racines hachées. Pour l'engraissement, les racines valent mieux cuites que crues; mais pour la production du lait, c'est différent.

Voici un moyen économique de faire cuire les racines. Mettez un chaudron plein d'eau sur le fourneau de buanderie, placez sur le chaudron une barrique défoncée dont le fond sera percé de trous. Vous le remplissez de racines hachées, et le recouvrez d'un vieux linge mouillé, plus, d'un couvercle en bois, et vous faites bouillir l'eau du chaudron. La vapeur de cette eau fera cuire vos racines en peu de temps et à peu de frais.

Les pommes de terre, les betteraves et autres racines, peuvent être cuites au four après qu'on en a retiré le pain.

Servez les aliments des vaches dans des mangeoires basses, et leurs fourrages dans des râteliers peu élevés. Il se perd une grande quantité de nourriture dans les fermes où ces objets manquent ou sont mal disposés.

Un peu de sel mêlé aux aliments stimule la digestion et profite à la santé du bétail.

Une bonne méthode encore, c'est de faire fermenter les racines pendant vingt-quatre ou quarante-huit heures, selon la saison.

Cette fermentation stimule puissamment la digestion, et les animaux profitent mieux et plus vite.

Usez le moins possible du pâturage. Un demi-hectare de prairie artificielle nourrira mieux deux vaches qu'un hectare de ces pâturages maigres qu'on voit dans les campagnes mal cultivées.

Il faut que les bêtes se reposent une heure après chaque repas ; ne les menez à l'abreuvoir qu'après qu'elles auront passé cet espace de temps à *ruminer* leur nourriture.

Prenez garde que votre mare ne soit trop voisine du tas de fumier. C'est une peste pour le bétail. Qu'elle soit bien nettoyée au fond, et que les rigoles par où les eaux de pluie s'y rendent soient garnies de sable et de gravier. Il faut que l'eau soit aussi pure qu'il sera possible. Au besoin, vous pourrez garnir le fond avec de la poussière de charbon. Il sera bon aussi de l'ombrager par de fortes haies et des arbres, pour que les rayons du soleil ne corrompent pas l'eau en l'échauffant. Les maladies et l'amaigrissement des bêtes sont dus en grande partie à l'eau corrompue des mares où elles s'abreuvent. Ne laissez votre mari en repos que lorsqu'il aura mis les choses en cet état.

Lorsque vous voudrez engraisser vos bêtes à cornes, vous augmenterez peu à peu la ration de foin et de betteraves, et vous ajouterez quelques kilog. de farine grossière d'orge, de féveroles, de tourteaux d'huile, enfin des substances farineuses que vous aurez sous la main. Trois mois de ce régime suffiront pour accroître notablement la valeur de vos bêtes, et vous les vendrez d'autant plus cher.

DES VEAUX.

Quand on veut livrer les veaux tout jeunes au boucher, on les laisse téter à discrétion ; mais si on veut les élever, on les sèvre dès les premiers jours : on leur donne le lait de la mère, d'abord pur, puis on y ajoute de l'eau tiède avec de la farine d'orge, ou des pommes de terre écrasées, des tourteaux. On augmente peu à peu la dose de ces aliments en diminuant celle du lait, et enfin on le supprime tout à fait. Au bout de deux mois on commence à donner au veau des fourrages secs.

Choisissez vos vaches parmi les bonnes races du pays. La race bretonne est petite, mais sobre et bonne laitière ; la race flamande est plus gourmande, mais elle donne plus de viande, et son lait produit plus de beurre. Que votre choix soit fixé d'après les débouchés que vous offre la contrée que vou habitez.

Par-dessus tout, donnez de l'air à vos étables et nettoyez-les parfaitement au moins deux fois par semaine. Les exhalaisons de la litière en fermentation sont très-nuisibles aux bestiaux ; et le fruit de vos dépenses en nourriture et en bons soins sera perdu sans celui-là.

DES BŒUFS DE TRAVAIL.

Outre le produit des bêtes à cornes en viande et en lait, calculez le prix de leurs travaux comme bêtes de trait. Le bœuf coûte moins à nourrir que le cheval ; mais son travail est lent. En revanche, le cheval exécute plus adroitement divers travaux de culture, tels que binages, battages, etc. Enfin le bœuf donne à son maître, quand il est vieux, le produit de sa chair, tandis que le cheval coûte cher acheté jeune, et diminue de prix en vieillissant. Ajoutez que le moindre accident peut lui ôter sa valeur.

On attelle les bœufs au joug pour les faire travailler. C'est un tort ; le collier est préférable. La force du bœuf est dans les muscles de ses jambes, et non dans le cou et la tête ; avec le joug on lui fait dépenser beaucoup de force en pure perte. Ne vous refusez donc pas la dépense d'un collier, vous la retrouverez dans le travail de vos bœufs.

PORCS ET TRUIES.

Le toit à porcs demande des dispositio. qui sont très-rarement prises. On croit à tor que les goûts sordides de ces animaux les re dent insensibles à la malpropreté. Rien n' plus faux. Il faut que leur toit soit bien pr pre, que les murs soient secs et le planche pavé, ou au moins garni de terre dure, comme celui des étables. On doit aussi séparer les porcs de divers âges et de sexes différent, lorsqu'ils ne sont pas châtrés. Les bons éleveurs les brossent, les lavent même, et les baignent avec soin, pour entretenir leur santé et activer leur aptitude à l'engraissement par la transpiration de la peau.

Choisissez vos élèves dans une race des plus estimées du pays. Les races anglaises croisées avec celles de nos contrées sont les meilleures.

Votre truie donnera par an deux portées de huit à dix porcelets chacune. Vous la soignerez de votre mieux pendant la gestation et surveillerez le moment du part; à mesure que les petits naissent, il faut les enlever et ne les rendre à la mère que lorsqu'ils son tous venus; sans cela, quelques-uns seront écrasés ou étouffés.

Pendant qu'elle allaite, votre truie rece de la farine d'orge, des fèves avec de l'e tiède, plus une bonne nourriture, pour qu'elle soit bien pourvue de lait. Vous renouvellerez souvent sa litière pour que ses petits soient chaudement et sèchement couchés.

A un mois on commence à sevrer les porcelets ; on remplace peu à peu le lait de la mère par du lait écrémé, mêlé à de l'eau, du son et des farines, carottes, pommes de terre cuites, etc. On leur donne d'abord quatre ou cinq repas, puis on les réduit au régime des adultes, c'est-à-dire à trois repas par jour.

Les porcs ont un estomac très-robuste, et se nourrissent de mille objets divers qu'eux seuls peuvent utiliser. Le gland est leur aliment favori ; comme les grains, il leur donne un lard ferme et de bonne qualité. Il est bon de les faire pâturer sous les chênes à l'époque où les glands tombent, ou mieux, de ramasser ces fruits pour les leur donner à l'étable.

Le cochon consomme avec avantage tous les débris de cuisine ; l'eau de vaisselle est pour lui une boisson profitable. Les pommes de terre cuites, des grains égrugés, le son, les farineux de toute sorte, sont les aliments qui l'engraissent avec promptitude. Mais les liquides et même les racines lui profitent mieux à l'état aigre qu'à l'état frais. Aussi, dans une porcherie bien tenue, prépare-t-on un ou deux jours d'avance les rations de boire et de manger. L'engraissement ne s'opère facilement et avec rapidité que lorsque le porc est élevé, c'est-à-dire vers un an, un an et demi Jusque-là on le nourrit avec 10 à 12 kilos de fourrages verts, mêlés aux racines, comme pour les bêtes à cornes.

Surtout ne négligez pas la cuisson des aliments et l'eau tiède pour boisson. Faites agir le tout, comme je viens de le dire, tout ira bien de cette façon et votre porcherie sera la source d'un bon revenu.

BREBIS ET MOUTONS.

La bergerie doit aussi offrir suffisamment d'air à ses hôtes ; ce n'est pas ce qu'on voit habituellement, tant s'en faut. Qui en est victime? Hélas! c'est l'éleveur; les maladies des moutons n'ont pas d'autre cause, et leur engraissement est moitié plus lent et jamais aussi complet.

Sachez qu'un mouton doit avoir au moins deux mètres carrés et que la hauteur de la bergerie doit être de deux à trois mètres, pour que l'air n'y soit pas étouffé, encore faut-il renouveler fréquemment cet air. Cela est de toute nécessité pour la santé et l'embonpoint des bêtes à laine plus que pour toutes les autres.

Il faut à chaque mouton 4 kilos d'herbe

ou de racines par jour pour l'entretien seulement. Le régime d'engraissement demande des rations doubles.

Pour le pâturage, les lieux secs et élevés leur conviennent mieux que les pacages bas et humides. Evitez par-dessus tout de les mener dans les herbes marécageuses. Si vous êtes obligé de leur donner des pâtures humides, que ce soit par les temps secs et chauds.

Les brebis qui portent et qui allaitent ont besoin d'une nourriture substantielle et abondante. A cinq mois on sèvre les jeunes agneaux et on remplace successivement le lait par de l'herbe tendre, du foin et de l'eau tiède mêlée à de la farine et du son. Les fourrages artificiels, préparés comme nous l'avons dit plus haut, sont très-profitables aux brebis et moutons. En hiver on peut y ajouter des branches d'arbres qu'on a cueillies avant la chute des feuilles. L'orme, le frêne, le tilleul, l'érable, le coudrier fournissent ce supplément de fourrage. On met ces menues branches en fagot et on les fait sécher dans un lieu abrité contre l'humidité.

Dans la bergerie il faut séparer les mâles des femelles et les agneaux de la mère lorsqu'on veut les sevrer. On commence par les plus forts.

On fait parquer les moutons et brebis dans

les pâtures, en les entourant de barrières. On change de parc à mesure que l'herbe est tondue, et on enterre le crottin, qui est une bonne fumure.

Le fumier de mouton est le plus chaud, ainsi que celui de cheval. Si vous avez des terres humides et des terres sèches, séparez vos fumiers en deux tas; donnez aux terres sèches le fumier de vache et de cochon, le fumier de mouton et de cheval aux terres humides et froides. Si, au contraire, tout votre sol est de même nature, faites un seul tas de vos fumiers.

XIX. — LE MÉNAGE. — LA LAITERIE.

Nous avons dit toutes nos sympathies pour la maîtresse du logis. Il s'ensuit que nous réclamons du propriétaire et du mari un intérieur digne d'elle, modeste et propre comme elle. Un plancher et des murs blanchis à la chaux, pour la pureté de l'air ; des fenêtres assez grandes pour que le soleil ne marchande ni sa lumière ni sa chaleur ; un pavage uni, sec et facile à tenir propre ; des meubles vernis et luisants; que tout annonce l'ordre et la gaieté, l'harmonie et le contentement d'une famille riche de son honnêteté et de son travail, et heureuse du sort que Dieu lui a fait. Si modeste que soit le ménage agricole, il faut qu'on y voie, dans sa construction comme dans son arrangement, le respect de la dignité humaine.

LA LAITERIE.

Le lait est un des principaux produits de la culture. On le vend en nature si on est près des villes ; si on est éloigné on le convertit en beurre et en fromage : cela demande des soins et du savoir-faire, comme nous allons voir.

D'abord, il faut avoir soin de laver le pis des vaches avant de traire le lait. La qualité du beurre et du lait en dépend.

On traira les vaches deux ou trois fois par jour, et chaque fois il faut les traire *complétement;* sans cela le lait diminuera peu à peu. D'ailleurs le lait de la fin est le plus crémeux.

On cesse la traite deux mois avant le vêlage.

La laiterie doit être installée dans un lieu frais, bien aéré, et surtout à l'abri de toute odeur forte : voilà trois points essentiels. Un cellier est convenable pour la fraîcheur. mais surtout évitez le voisinage des fumiers ou des étables. Un autre point non moins essentiel, c'est que vos vases et ustensiles soient toujours d'une parfaite propreté. La maîtresse du logis ne s'en rapportera qu'à elle-même de ce soin, sinon son lait aura mauvais goût.

DU BEURRE.

Les pots de lait évasés et peu profonds, en forme de soupière sont les plus convenables pour que la crème s'amasse vite et en grande quantité à la surface. Plus la crème s'est vite formée, plus elle est douce et donne un beurre fin. Il faut donc baratter souvent lorsqu'on veut obtenir un beurre de bonne qualité. Les barattes qu'on manœuvre de haut en bas sont incommodes et d'un travail lent. Un bon mari ne saurait faire un cadeau plus opportun à sa femme, que celui d'une baratte-Valcour. Le beurre y est fait trois fois plus promptement, et le nettoyage en est très-facile. Il y en a de toute grandeur, suivant la quantité de beurre qu'on fait.

Il faut une chaleur de 12 à 15 degrés pour que le beurre se sépare aisément de la crème.

S'il fait froid quand vous barattez, ajoutez un peu d'eau chaude au lait, ou mieux baignez la baratte dans un vase contenant de l'eau chaude.

S'il fait trop chaud, au contraire, et que le beurre se fasse difficilement, rafraîchissez la baratte dans un bain d'eau de puits très-fraîche, comme on fait pour la boisson à cette époque.

Le beurre fait, on le lave et on l'égoutte avec soin ; on en extrait tout le petit-lait si on peut, car c'est un obstacle à sa conservation.

Enfin, on jaunit sa couleur en mettant dans la baratte quelques fleurs de souci ou du jus de carottes.

LE FROMAGE.

On en fait d'innombrables variétés. Chaque pays à la sienne. Les uns sont faits avec du lait cuit ; tels sont les fromages de Gruyère, de Hollande, etc. Les autres sont faits avec du lait égoutté comme ceux de Brie.

Il y a les fromages gras et les fromages maigres, c'est-à-dire faits avec ou sans la crème du lait.

On fait cailler le lait avec la caillette d'un tout jeune veau. Cette caillette prise sur le veau qu'on vient de tuer, est lavée, puis on la fait tremper trois ou quatre jours dans du vinaigre et du sel, puis sécher. On l'emploie en cet état, en en trempant un petit morceau dans un verre de lait ; enfin on mêle ce lait à la masse destinée au fromage. Quand le lait est pris, on le retire du vase et on le dépose, sans le briser, dans une *forme* ou vase, percée de trous par lesquels il s'égoutte en tout sens. Le fromage étant formé et assez solide, on le saupoudre de sel et on le place sur une claie où il sèche à loisir.

Le lait de brebis et de chèvre n'est employé que dans les fromages, soit seul, soit mêlé avec le lait de vache. Il est pauvre en beurre.

XX. — LA BASSE-COUR.

Une habile ménagère peut tirer bon parti des animaux de basse-cour. Il arrive même parfois que cette branche de revenus est supérieure à celle des étables et des bergeries ; mais ayons moins d'ambition. Même comme simple accessoire, la basse-cour vaut la peine qu'on s'en occupe. Quatre sortes d'élèves la composent le plus habituellement : les poules, les dindes, les oies et les canards, enfin les lapins.

DES POULES.

Il faut que votre poulailler soit exposé au midi ou au levant, à l'abri du vent et de l'humidité. Ayez un coq pour dix ou douze poules. Ce coq aura de dix mois à cinq ans d'âge ; qu'il soit de taille moyenne, hardi, vif, batailleur même, et ardent à défendre ses poules. Avec ce coq-là tous les œufs seront féconds.

Les poules de petites races sont les meilleures couveuses. Donnez-leur la préférence si vous voulez élever des poulets ; au contraire, si voulez spéculez sur les œufs frais, choisissez une race plus grosse ; les poules qui n'aiment pas à couver pondent davantage. Le mieux est de s'assortir de plusieurs variétés à la fois.

Défiez-vous d'une poule qui chante et d'un coq qui se tait.

Ainsi que les coqs, les poules sont propres à leurs fonctions jusqu'à cinq ans. A ce moment, il faut les engraisser et les remplacer.

Votre poulailler sera tenu très-propre ; les ordures en seront fréquemment enlevées, la paille des nids renouvelée deux ou trois fois par mois. Enfin, si les insectes tourmentent les poules, vous l'enfumerez en y brûlant quelques poignées de bruyères ou de thym.

Les ouvertures seront disposées de manière à renouveler l'air à volonté et à y faire pénétrer un peu de jour ; vous les fermerez avec des volets pour qu'il règne au poulailler une obscurité qui est du goût des pondeuses en général.

Le perchoir aura des barreaux gros de 5 centimètres, pour que les poules le serrent sans efforts avec leurs pattes. Ces barreaux seront à 40 centimètres l'un de l'autre.

Les paniers à pondre seront dans la partie la plus obscure et la plus retirée du poulailler. Il faut qu'ils soient assez grands pour que la pondeuse ou la couveuse s'y retourne sans froisser sa queue, assez profonds pour qu'elle puisse s'y cacher, et assez peu pour qu'elle observe au dehors sans trop lever la tête. Une cour plantée d'arbres convient bien pour un poulailler ; les poules y trouvant de l'ombre et quelques fruits à picorer, se plaisent à y séjourner.

Les poussins, au sortir de l'œuf, peuvent marcher et courir : mais il faut les retenir sous l'aile de la mère le premier jour. On leur donne ensuite un jaune d'œuf dur émietté, du pain, de la bouillie, etc.; ensuite on les nourrit avec des herbes et des bouillies, orties, laitues, poireaux, légumes, des graines broyées, et enfin des vers de terre.

On tâche de réunir les poussins sous la même poule à mesure qu'ils éclosent, et on place les œufs non éclos sous une autre poule. Mais il faut que cela se fasse en l'absence et à l'insu de la couveuse, qui pourrait faire un mauvais parti aux nouveaux venus, si on ne les mêlait habilement à ses petits.

Quand les poulets se nourrissent seuls, il faut séparer avec soin les couvées de divers âges, afin que les plus petits ne soient pas les victimes des plus forts. A cette époque, on leur donne des pâtées de blé noir, de pommes de terre écrasées, de farine de maïs, d'orge, des herbes cuites hachées, et enfin des vers de terre. On peut toujours affecter un coin de basse-cour à la reproduction de ces vers ; pour cela, on y met du fumier dans un trou avec des débris de boucherie, sang, tripes, etc. On couvre le tout d'un peu de terre, de paille et de planches. La fermentation y fait éclore des vers par myriades. Une pelletée de terre qu'on jette aux poulets les défraye pour un ou deux jours. On leur donne trois rations par jour.

Quand on veut porter les poulets au marché, on force leur nourriture pendant les huit ou dix derniers jours.

En vendant la moitié de ses poulets à cinq mois, on aura pour bénéfice l'autre moitié, réservée pour la reproduction des chapons.

DES CHAPONS.

Je n'indiquerai pas l'opération du chaponnage, elle ne peut réussir qu'entre des mains exercées, et c'est en la voyant pratiquer qu'on peut l'apprendre. Pour engraisser ces animaux, on les enferme dans des cages étroites et obscures. On leur donne des pâtées composées de farine de maïs, blé, sarrasin, orge, pommes de terre cuites et vers de terre; les graines huileuses sont aussi très-avantageuses pour l'engraissement.

J'ai recommandé le nettoyage fréquent du poulailler. Il est entendu que les excréments des poules seront jetés dans la fosse au compost; ils forment, ne l'oubliez pas, la plus riche portion de cet engrais. On peut estimer à 1 franc par an le fumier d'une poule.

Du produit. On n'est pas d'accord sur le bénéfice d'une basse-cour. Le P. Espanet, qui est un maître consommé dans cet art, a fait ainsi le compte d'une basse-cour composée de 28 poules et 3 coqs : 226 douzaines d'œufs vendus 50 cent. chaque, soit 113 fr., plus 60 fr. de fumier, en tout 173 fr. Ces 31 têtes avaient dépensé 105 fr. de nourriture, ce qui réduit le bénéfice à 68 fr. Mais il faut observer que cette basse-cour était nourrie avec luxe. En même temps, il en gouvernait une autre de 600 poules nourries avec des graines germées (1), qui ont produit

(1) Semer des graines de blé, orge, maïs, etc., dans

3,900 douzaines d'œufs, vendus 1,900 fr.; la nourriture avait coûté moins de 900 fr.

100 poules, produisant 200 poulets par an, peuvent donner 200 fr. de bénéfice, sans compter des fumiers de qualité supérieure.

LE DINDON.

L'élève de cet oiseau n'est profitable que pratiquée en grand. Ce que l'on recherche dans la dinde, c'est sa chair et non ses œufs. Le département du Loiret est celui qui produit les plus beaux échantillons de cette race.

Le dindon est très-avide de racines, de fruits, salade, choux, betteraves, débris de légumes, etc. Il s'accommode sans danger de toutes sortes d'herbes nuisibles à d'autres animaux : belladone, jusquiame, ciguë, etc. On peut le laisser paître dans les prairies ; son bec, plus pointu que celui de l'oie, laisse le cœur des plantes et ne fait que pincer les feuilles ; ses déjections, d'ailleurs, sont bonnes pour l'herbe des prairies. C'est pour cela que de pauvres ménages peuvent élever un ou deux couples de ces oiseaux presque pour

une terre fraîche et humide, puis les donner aux poules quand elles sont germées et ont grossi de quatre et cinq fois leur volume, voilà une recette utile pour économiser les frais de nourriture.

rien en les menant paître le long des chemins.

La voracité du dindon rend son engraissement peu difficile; on le gorge de substances farineuses, telles que pommes de terre, glands, farines, noix, betteraves, etc. Quinze jours suffisent pour engraisser les femelles; les mâles demandent davantage, à moins d'être chaponnés. Un dindon chaponné, renfermé et mis à l'engrais, peut doubler son poids en vingt jours. Pour accélérer ce résultat, on lui pousse dans la gorge des boulettes de pâtée pendant les huit derniers jours de ce régime.

Ponte. La dinde n'a qu'une ponte par an, vers la fin de février ou en mars. Elle pond un œuf tous les deux jours, jusqu'à quinze ou vingt. Mais si on l'a empêchée de couver au printemps, elle fait une seconde couvée en août.

Il faut un mâle pour six femelles, sinon les œufs sont pour la plupart inféconds.

Les dindes cachent leurs œufs quand elles peuvent. On les en empêche en les retenant dans le local où elles ont perché pendant la nuit. On ramasse les œufs, et on en marque la date sur la coque. On réunit jusqu'à vingt œufs sous la couveuse; ils éclosent du 30e au 32e jour, suivant la chaleur qu'ils reçoivent de l'air ou de la couveuse. Pendant qu'elle couve, la dinde oublie quelquefois de manger. On la prend sur son nid une fois le jour, et on la force à avaler une ration de pâtée. En même temps, on nettoie son nid, puis on l'y replace.

La dinde est si ardente à la couvée qu'on peut lui faire couver des œufs de poule, ce dont elle s'acquitte très-bien.

Eclosion. Les dindonneaux sortent de l'œuf avec un petit tubercule sur le bec. Il ne faut pas enlever ce tubercule comme le font certains maladroits ; il ne faut pas non plus aider l'oiseau à briser la coquille. Laissez la nature faire son office.

Abstenez-vous aussi de faire manger les poussins au sortir de l'œuf. Il faut qu'ils se ressuient et se sèchent sous l'aile de la mère ; la chaleur est leur premier besoin, et ils craignent beaucoup le froid, surtout le froid humide. Tous ceux qui se mouillent avant la mue succombent : aussi ne faut-il jamais laisser à terre le plat rempli d'eau où ils s'abreuvent.

Le lendemain de l'éclosion et les jours suivants, il faut donner la becquée aux dindonneaux, leur instinct est presque nul à cet égard. On les laisse sous la couveuse dans un local aussi chaud qu'on peut, jusqu'à la mue, c'est-à-dire à l'âge d'environ deux mois. On y couvre le sol, au besoin, d'une litière de fumier chaud, pour y maintenir une douce température, et on y ajoute quelques tas de sable ou de poussière, où les jeunes aiment à se vautrer.

A deux mois, ou même plus tôt, les dindonneaux acquièrent leur membrane rouge. C'est le moment d'une crise à laquelle succombent ceux qui n'ont pas été bien soignés. Ils perdent l'appétit et languissent plusieurs jours ; alors il faut les tenir chaudement; ce soin, avec une bonne nourriture, est le meilleur moyen de les sauver. A partir de ce moment, les mâles se distinguent des femelles par un plumage plus vif et par un plus fort volume. Les uns et les autres croissent plus vigoureusement et pourvoient eux-mêmes à leur subsistance. On les mène aux champs avec les moutons et les chèvres, le matin et l'après-midi. Il faut les préserver de la pluie et des ardeurs du soleil. Les dindons sont de grands mangeurs de petits animaux : lézards, grenouilles, limaçons, sauterelles. A la suite de la charrue, ils picorent force vers de terre. En fait de végétaux, les fruits sauvages, mûres, glands, fraises, baies de sureau, de troëne et autres arbrisseaux sont pour eux la matière d'un bon régal ; le pâtre abattra tous les fruits pour les en nourrir aux champs.

En outre, on peut les nourrir de racines

et de feuilles de légumes, salade, choux, betteraves, etc., surtout cuits et réduits en bouillie.

Une telle voracité rend facile l'engraissement de ces animaux. On y emploie tous les fruits et grains farineux, pommes de terre, topinambours, châtaignes, glands; on les gorge de ces matières plusieurs fois par jour, en les tenant renfermés dans un lieu chaud et peu éclairé. Quinze jours de ce régime suffisent pour engraisser les femelles, et vingt jours pour les mâles, surtout si on a eu soin de les chaponner. Par cet engraissement, leur poids peut être doublé. Aux derniers jours, on leur introduit de force des boulettes de pâtée dans le gosier; cette nourriture forcée accélère l'engraissement auquel on veut les amener.

Quand les jeunes dindons sont sans appétit et mal portants, et que leur plumage se hérisse, donnez-leur force insectes et tenez-les en un lieu chaud et sec.

Quand leur sang s'irrite, que leur peau se couvre de boutons, que les pattes s'enflent, et que le bas des plumes s'injecte de sang, donnez-leur à boire de l'eau soufrée.

Ce remède convient également aux poules dans le même cas.

L'OIE.

L'oie s'accommode mieux que le dindon des climats froids et humides; elle est moins délicate, et s'élève partout plus facilement. Le Languedoc et l'Alsace sont les pays où l'élève de l'oie se pratique avec le plus de succès et de profit. Toutes autres contrées de la France sont aussi propices à cette industrie, et comme elle est facile et d'un bon rapport, nous engageons vivement les familles rurales à s'y adonner.

Outre sa chair et sa graisse, l'oie donne pour profit à l'éleveur ses plumes d'ailes pour écrire, son duvet pour le plumassier, et au fourreur sa peau garnie de duvet, connue sous le nom de peau de cygne; enfin elle fournit ces gros foies, dont la pâtisserie confectionne des pâtés très-recherchés sous le nom de *pâtés de foie gras*.

On enlève le duvet sous l'aile, sous le cou, après avoir arraché d'abord les plumes. Cette opération a lieu trois fois l'année, en mars, juin et fin d'août. Pour tirer bon parti de ce produit, il faut que l'oie soit élevée proprement, qu'elle se lave souvent dans des eaux limpides et courantes. C'est son occupation favorite, quand elle n'est pas occupée à manger ou à dormir.

Habituellement l'oie vit bien en basse-cour

et n'est pas une mauvaise voisine pour les autres espèces. Mais au moment de la ponte et de la couvée, la femelle et le mâle deviennent ombrageux et cruels ; il faut éloigner d'eux jusqu'aux petits enfants, qu'ils sont capables de maltraiter.

On leur donne pour asile un abri propre et bien aéré; l'odeur de leur fiente, forte et fétide, nuirait à leur santé, si on ne renouvelait souvent leur litière. On perce des trous au niveau du sol dans la paroi ou muraille de leur habitation. A l'intérieur, on place, le long des murs et dans les coins, des touffes de jonc et de hautes herbes marécageuses, plantées dans leur motte de terre. C'est dans ces herbes que les oies viennent pondre leurs œufs.

L'oie est un animal très-criard. Le moindre bruit la met en émoi, la nuit surtout, et elle vaut, à cet égard, le meilleur chien de garde pour une habitation. Comme elle n'est pas sujette à l'impôt, et qu'elle paye sa nourriture de ses produits divers, il y a tout profit pour les pauvres familles à remplacer le chien par un couple d'oies.

La meilleure espèce, parce qu'elle est la plus grosse et la plus féconde, est l'oie dite de Toulouse. A huit mois, les oisons de cette espèce sont adultes ; il leur vient, sous le ventre, une pelotte de graisse, qui commence dès lors à alourdir leur marche. Le bec est rouge et les pattes de couleur roussâtre. Le mâle ou jars est quelquefois coiffé d'un panache. Il en faut un pour quatre femelles. Il est généralement soigneux de ces femelles, il protége les petits avec sollicitude.

Ponte. C'est à la fin de l'hiver que l'oie commence à pondre ses œufs. Elle s'y prépare en amassant des brins de paille dans un coin obscur et très-retiré. Sa ponte se compose de 15 à 20 œufs seulement, si on les laisse dans le nid; mais en n'y laissant que le dernier pondu, on obtiendra un œuf tous les deux jours pendant deux mois. On ne lui laisse couver que les quinze derniers, et on confie les autres aux dindes, et, au besoin, aux poules.

Pendant l'incubation, l'oie oublie le soin de manger, comme la dinde. Il faut la tirer de son nid pour lui donner sa nourriture, et l'y reporter ensuite, si elle ne s'y rend d'elle-même.

Au bout de huit à dix jours, il faut visiter les œufs et enlever ceux qui sont clairs. Ils sont encore mangeables, quoique d'un goût moins agréable.

L'éclosion a lieu à un mois. Les oisons sortent successivement. Il faut alors retirer les coquilles d'œufs à mesure que les oisons les brisent, et de peur que l'oie ne laisse les retardataires et ne s'attache aux premiers venus, on place ces derniers sous la couveuse la plus avancée.

Alors on nourrit les oisons comme les jeunes dindonneaux, avec une pâtée de laitue hachée avec de la mie de pain et des pommes de terre cuites et écrasées. On les tient chaudement pendant huit jours, jusqu'à ce que le duvet s'épaississe. A quinze jours on les laisse courir en liberté, mais en évitant qu'ils se mouillent. Ce n'est qu'après la mue, c'est-à-dire à deux mois, lorsque les plumes succèdent au duvet, que l'oison peut affronter les intempéries. Jusque-là la pluie, l'humidité, un soleil ardent, peuvent le tuer. Avec un peu d'attention on s'épargne aisément ces pertes.

Nourriture. Après la mue, les oisons se nourrissent seuls et sans frais. Un enfant les mène paître le long des haies, dans les chemins touffus, dans les terrains vagues, au bord des ruisseaux, etc.; mais il faut leur interdire les jardins, qu'ils dévasteraient, et les prairies, où leur bec large et acéré coupe les plantes au ras des racines; d'ailleurs leur fiente infecte le pâturage. Du reste, voici les herbes qu'ils recherchent : les salades de tout genre, le mélilot, la persicaire, la julienne, le coquelicot, les chicorées, la nielle; enfin la betterave et le navet hachés leur sont un aliment très-profitable.

Avec ce régime, que complète chaque jour un bain dans une eau pure et courante, l'oison atteint en trois mois la période d'engraissement.

Alors il faut vendre ceux qu'on ne peut pousser plus loin faute de nourriture, et n'engraisser que suivant la quantité de nourriture disponible. Un oison adulte se vend couramment 4 fr. à l'engraisseur ; celui-ci le revendra, engraissé, 10 à 12 fr., et aura dépensé environ 3 fr. de nourriture.

Engraissement. On commence par mettre les oies en chair en augmentant leur nourriture, à laquelle on mêle des farineux, blé noir, avoine, maïs, orge, fèves, pois, les gousses de graines mêlées à des matières crayeuses, graviers, etc. Les graviers aident à la digestion des grains.

Lorsque l'oison est bien en chair, on l'enferme et on procède comme pour les dindons. Les aliments qui réussissent le mieux sont les substances farineuses et les graines à huile, faînes, noix, lin, tourteaux, etc. Plus on en donne, plus tôt l'oison est engraissé. L'économie de temps rachète la nourriture. En vingt jours l'engraissement est complet ; l'oie ne peut plus marcher. Chez l'oie et le canard engraissés, le foie grossit démesûrement; on l'emploie à des terrines et à des pâtés très-estimés dans le commerce des comestibles.

L'oie grasse pèse de 9 à 12 kilog., dont 1 kilog. pour le foie, qui se vend jusqu'à 7 fr., et 2 ou 3 kilog. de graisse supérieure à celle du cochon. Le reste se vend au prix de la viande de boucherie.

C'est une industrie très-lucrative, surtout quand on est à portée d'une grande ville. Le trafic des volailles grasses, activé par la circulation des chemins de fer, est un puissant stimulant pour les fermières actives et intelligentes.

DU CANARD.

Les meilleures variétés de canards en France sont celles de Normandie et de Toulouse; elles sont plus grosses et plus fécondes que les autres.

Cet oiseau a une chair délicate, et les gourmets préfèrent sa chair à celle de l'oie.

C'est un oiseau vorace, qui mange de tout et mange continuellement. Il est très-rustique, et, une fois vêtu de son plumage, il sait se suffire à lui-même, pourvu qu'on lui donne une mare ou un courant d'eau. On lui prépare pour les pontes et les couvées un local bien aéré, avec des soupiraux à fleur de terre. On jette sur le sol de la terre sèche et légère, marne ou sable, pour absorber les déjections; on nettoie tous les huit jours et on jette le fumier sur le tas de compost. Comme pour l'oie, on dispose dans les coins des buissons, de hautes herbes et arbustes. Les canes viennent pondre en cachette dans ces touffes, au lieu d'aller cacher leurs œufs dans des lieux écartés. On fait entrer et sortir les canards par un petit trou ouvrant et fermant à fleur de terre par une trappe. Les canes veulent une retraite silencieuse, obscure et solitaire.

La cane commence à pondre au mois de mars; elle pond pendant trois ou quatre mois un œuf tous les jours, puis tous les deux jours. Après cette ponte elle cherche à couver. Lorsqu'on l'empêche, elle reprend sa ponte six semaines après, pendant trois ou quatre semaines. On peut en obtenir ainsi de 80 à 100 œufs par an; mais pour cela il faut visiter chaque fois tous les recoins où sont les œufs et les enlever pendant que les canes sont dehors, en ne laissant au nid que le dernier œuf pondu.

Les œufs de cane se vendent très-bien, les pâtissiers les préfèrent aux œufs de poule. On peut donc forcer la ponte des canes, et donner leurs œufs à couver aux dindes ou aux poules. Cependant il est bon de faire couver une ou deux canes pour leur confier tous les canetons. Chaque cane peut en conduire 50 à la fois.

L'incubation dure un mois environ. On prend les mêmes soins des canetons que des oisons (Voir p. 116). Ils atteignent leur volume normal en cinq mois, et se nourrissent des mêmes aliments que les autres volailles. Mais il y a un moyen de les nourrir plus économiquement, c'est de former des flaques ou des fossés d'eau croupissante partout où le voisinage d'une mare ou d'un ruisseau rend la chose possible. Dans ces flaques d'eau ou fossés, il surgit une multitude d'insectes, de vers, de grenouilles, de têtards, etc., dont les canetons sont très-friands. A mesure qu'ils épuisent un fossé de ce genre, on leur en donne un autre.

Dans les chaumes, dans les prés fauchés, le canard trouve encore des aliments qui lui conviennent.

L'engraissement se pratique absolument comme celui des oies : il suffit de quinze jours pour l'obtenir. Pour avoir un *foie gras*, il faut gorger le canard de boulettes de farine d'orge ou de maïs, au point de le suffoquer à moitié.

En cet état le canard ne peut plus se tenir. Le développement excessif du foie est une maladie qui pourrait devenir mortelle ; il est prudent de le tuer avant de l'envoyer au marché.

Le duvet du canard est aussi recherché que celui de l'oie; sa chair l'est davantage.

Par l'engraissement, le prix d'un canard s'élève de 1 fr. 50 c. à 5 et 6 fr. Le foie seul vaut 2 fr. On obtient ce résultat avec un décalitre de maïs, c'est-à-dire avec une dépense de 1 fr. 25 c. en moyenne.

LE LAPIN DOMESTIQUE.

L'éducation des lapins est avantageuse pour un ménage rural. Ces animaux se multiplient avec une rare fécondité; on les élève rapidement et à très-peu de frais, et leur chair saine et nourrissante remplace avec avantage le lard et la viande de boucherie sur la table de famille.

Un instituteur, en Bretagne, établit, il y a cinq ans, une garenne domestique pour lui et ses écoliers; chaque jour ceux-ci lui apportent leur petite ration d'herbe et de feuillage vert. Chaque année le bénéfice s'élève de 4 à 500 francs qui sont partagés de moitié entre le maître et les élèves. La part de ceux-ci est affectée aux livres de prix, plus à une fête de famille avec banquet général.

Local. Choisissez un local ni froid ni humide, et où l'air circule bien ; pour cela, il faut que chaque case soit percée d'un trou au ras de terre. Je dis chaque case, parce que le lapin est un mauvais voisin, et toujours en guerre avec ses pareils. Ayez donc une case pour chaque mâle, une pour chaque mère qui allaite, une pour les petits sevrés, une pour les lapins de quatre mois, une pour les femelles du même âge, enfin une pour les lapins soumis à l'engraissement. Dans chaque case, placez un râtelier pour économiser la nourriture ; les trois quarts sont perdus quand on la jette par terre. Que ces cases soient ouvertes par en haut pour les gouverner aisément et sans perturbation. Le treillage est le meilleur mode de séparation, parce qu'il favorise la circulation de l'air. Pour vingt lapereaux, il ne faut pas moins de 2m carrés ; 75 centimètres suffisent pour les autres. Dans celle des mères, on place dans un coin une boîte à nichées, en bois ou en brique, à couvercle mobile, pour nettoyer la nichée et enlever les petits qui sont morts ou qui excèdent le nombre que la mère peut nourrir.

On garnit les cases de litière bien sèche qu'on renouvelle souvent. A défaut de litière, on peut y suppléer par de la marne ou de l'argile sèche. Cette terre s'imprègne des urines et donne d'excellents engrais. Car n'oubliez pas que le lapin donne par an un quintal de fumier de première qualité. Cela n'est point à dédaigner; 40 lapins valent une vache pour ce produit.

Si le local est étroit, faites deux étages de cases. Placez en haut les mâles isolés, et à l'engraissement, les mères qui nourrissent, et au rez-de-chaussée les petits pour qu'ils courent à leur aise. Il faut au lapin du silence, du calme et peu de visites; surtout qu'ils ne voient ni chiens ni chats, un rien effraye ces animaux au point de les rendre malades et de faire avorter les mères.

Nourriture. Le lapin est grand mangeur. Il digère très-vite et se vide de même. Aussi est-il un excellent producteur d'engrais. Voici les meilleurs modes de les nourrir : On fait par jour trois distributions d'aliments très-variés pour habituer les lapereaux à manger de tout : herbes fraîches et sèches, branches d'arbres et d'arbustes, fruits, graînes, racines, betteraves, choux, pommes de terre, carottes, épluchures de cuisine, croûtes de pain, haricots, son, etc., tout aliment végétal est le bienvenu. La ronce et les plantes épineuses devront être hachées et concassées ; les tiges de choux seront divisées en quartier pour qu'ils broutent la moelle ; pour eux, c'est une friandise. Les herbes trop mouillées risquent de donner du dégoût aux lapereaux. Si on n'en a pas d'autres à leur donner, il faut les arroser d'eau salée. L'eau salée est en général un assaisonnement utile à tous les animaux, et le sel qu'ils absorbent continue son action bienfaisante sur le fumier.

Pour s'assurer que la ration est suffisante, jetez aux lapins un rameau d'arbre vert après le repas. Si au repas suivant vous trouvez la branche pelée, c'est que la ration était insuffisante ; elle était suffisante si l'écorce est intacte.

Aux mères qui nourrissent, il faut des racines et des farineux, betteraves, navets, déchets de cuisine, laiteron, trèfle, laitue, orge, avoine, maïs, pommes de terre, etc., pour lui donner suffisamment de lait. Aux mâles reproducteurs, on donne des plantes aromatiques avec du sarrasin, des croûtes de pain, des laiterons, pissenlits, centaurées, etc.

Donnez aux jeunes lapereaux en sevrage choux, céleri, cerfeuil, luzerne, chicorée, avec un peu d'avoine tous les deux ou trois jours.

A mesure qu'ils grandissent, on les nourrit avec des herbes et des feuilles communes, arrosées d'eau salée lorsqu'elles sont trop fraîches. Evitez avec soin les plantes vénéneuses, telles que ciguë, digitale, belladone, euphorbe, aconit, etc. Les lapins les fuient d'eux-mêmes ; néanmoins il est bon de les préserver d'une méprise qui les tuerait.

A six mois, on met les lapins à l'engraissement. Deux mois plus tôt, on les y prépare par la castration. Cette opération est facile et prompte. Un aide tient le lapin sur ses genoux. L'opérateur fait une incision d'un centimètre de chaque côté de la poche, le plus loin possible de l'anneau inguinal ; on fait sortir la glande, on la sépare du cordon en la coupant, puis on lâche l'animal sans plus de cérémonie.

Un lapin mis à l'engrais à six mois, ainsi préparé, pesant un peu plus d'un kilog., peut atteindre en quinze jours le poids de 4 à 5 kil.

Comme chez les oies et les canards, le foie se développe énormément par l'engraissement, et forme un manger à part très-recherché des gourmets.

On arrive à ce résultat par le même régime que pour les oies et les dindes : pommes de terre cuites, bouillies, pâtées, carottes, betteraves, graines farineuses broyées; le tout mêlé d'herbes aromatiques, fenouil, thym, cerfeuil, angélique, etc. Ces herbes, arrosées d'eau salée, donnent à la chair une saveur fine et délicate, surtout si vous y joignez des végétaux amers, comme la bruyère, la ronce, les feuilles de chêne, etc. A cette époque, écartez les choux et les navets, qui donnent un goût désagréable.

Multiplication. Vous choisissez vos sujets reproducteurs parmi les plus vigoureux des nichées. Il faut un mâle par six mères. Un mâle doit être âgé de huit mois au moins, et de quatre ans au plus, qu'il ait l'œil vif, le poil brillant et bien fourré, les joues saillantes, les allures rapides, l'humeur violente, s'annonçant par de vigoureux coups de talon. Les femelles devront avoir les mêmes qualités extérieures, plus une croupe large et arrondie. Quand leur poil s'ébouriffe et que les dents noircissent ou s'ébrèchent, le moment est venu de les réformer.

La lapine d'humeur sauvage est généralement bonne nourrice. Lorsqu'elle est trop ardente dans ses fonctions, elle risque d'étouffer ses petits ; il faut y mettre ordre. Une lapine qui ne s'arrache pas du poil pour couvrir ses petits est impropre à la reproduction.

On laisse la lapine un jour dans la case du mâle. Chaque mère peut y retourner quinze jours après la mise bas ; on ne la sépare de ses petits que le matin, après qu'elle les a allaités. Ce système permet d'obtenir de chaque lapine huit à neuf nichées par an.

Lorsque la mère a de nouveaux petits, on visite la case plusieurs jours de suite pour s'assurer s'ils sont viables. On enlève ceux qui semblent excéder le nombre que la mère puisse élever et on les donne aux lapines qui en ont peu. On enlève ceux qui ont péri, accident assez commun ; enfin, on les enlève successivement pour les sevrer à mesure qu'ils deviennent forts et vigoureux.

Voilà une petite industrie qui ne coûte ni grands soins ni grosses dépenses. Il est peu d'habitation, dans chaque village qui ne puissent s'y livrer avec profit et sans rien changer à leurs occupations habituelles.

Comptez six lapines donnant chaque année 50 lapereaux chacune : total 300 ; un lapin engraissé comme nous venons de le dire se vend de deux à trois francs ; voilà donc un revenu brut de 600 fr. dont il faut déduire environ 200 fr. de frais, soit 400 fr. de bénéfice net, outre une grande quantité de fumier, plus l'agrément de manger un lapin en famille deux ou trois fois par mois.

L'exemple de notre instituteur breton est à la portée de tous les ménages qui ont un jardin à cultiver et des enfants à occuper utilement.

Quel bel acte de charité que de faire comprendre cela à ces pauvres gens ! Si à la leçon on joint l'avance d'un mâle et trois ou quatre lapines, on peut, en quelques mois, remplacer chez eux la misère par l'aisance.

N'est-ce pas un bonheur pour un chrétien que de faire des heureux à si peu de frais?

La basse-cour est donc une grande ressource dans les petits ménages à la campagne. Les femmes, les enfants, les vieillards y trouveront un emploi fructueux de leur temps.

FUMIERS DE BASSE-COUR.

Les fumiers de basse-cour sont très-chauds et ont une grande vertu fertilisante. Il faut les recueillir avec soin et en former un tas auquel on mêle les déchets d'herbes, de feuilles mortes, de légumes, pailles, fourrages gâtés, etc. On y mêle de la chaux lorsque la décomposition des matières n'avance pas assez, et on les arrose de purin. C'est un engrais supérieur pour les légumes du jardin et pour les plantes légumineuses dans les champs. Il vaut autant que le guano, cet engrais en renom, que la grande culture achète si cher.

On voit par tout ce qui précède combien la vie des champs offre de ressources à ceux qui savent en tirer parti, et qui au courage d'entreprendre joignent l'activité et assez de persévérance pour aller jusqu'au bout.

XXI. — DES ABEILLES.

L'éducation de ces précieux insectes est encore une source facile de bons profits pour une famille rurale. L'abeille ne demande ni soins ni dépense et donne deux produits très-recherchés du commerce : le miel et la cire. On devrait encourager par des primes cette industrie si facile et si lucrative dans nos campagnes.

Voyons plutôt en quoi elle consiste.

DU RUCHER.

Vous avez un abri ou hangar défendu par un mur plus élevé. Vous disposez vos ruches au-dessus et sous le toit, sur deux rangs alternants. Si le devant est muré, au-lieu d'être un hangar, vous laissez une ouverture devant chaque ruche.

Le rucher découvert est une petite enceinte palissadée où on dispose les ruches à une certaine distance entre elles pour les visiter. On couvre ces ruches de terre glaise pour les rendre impénétrables à la pluie. Il faut que le rucher soit adossé à un mur ou à un arbre, exposé au levant et abrité contre les vents froids. Trop de soleil est nuisible aux abeilles, cela est prouvé, bien qu'un grand nombre d'éleveurs le nient. Les ardeurs du soleil chauffent trop l'intérieur de la ruche et fondent la cire des alvéoles qui laissent tomber le miel.

On place les ruches sur un plateau élevé de deux pieds au-dessus du sol. L'entrée placée au bas des ruches consiste en trois ou quatre petits trous assez proches les uns de autres et assez larges pour que les abeilles y passent sans se frotter les ailes.

DES ESSAIMS.

Les premiers essaims sont les meilleurs, parce qu'ils ont le temps d'amasser d'abondantes provisions. Dès les premiers jours du printemps la reine s'ébat au soleil et se choisit un mâle, et, après, elle commence à pondre, pour continuer toute la saison. Trois semaines après, la ruche est peuplée de plus d'abeilles qu'elle n'en peut contenir. Alors une des nouvelles venues, préservée par les ouvrières, sort triomphante de son alvéole, la mère s'envole à la tête d'une troupe d'ouvrières et va fonder ailleurs un nouveau royaume. Ces abeilles forment une sorte de pelotte qu'on trouve suspendue à une branche d'arbre. C'est là qu'on va les prendre. On fait tomber l'essaim sur la ruche en coupant ce rameau, puis on le range dans le rucher. Pour fixer l'essaim, voici un moyen facile :

plantez à quinze pas du rucher, du côté où les abeilles s'envolent, un pieu long de deux mètres; couvrez-le d'un chapeau ou cornet renversé, formant un petit pavillon et posté sur de petits bâtonnets mis en travers. Les abeilles viendront se fixer à ces bâtonnets; c'est là qu'on va les saisir. Il est bon pour cela de se couvrir le visage d'un casque en toile métallique pour être à l'abri de toute piqûre.

Une fois logé, l'essaim se repose un jour. Le lendemain, la faim le chasse de la ruche; les abeilles se partagent la besogne: les unes vont au dehors chercher les provisions, les autres construisent les alvéoles, et, dès le quatrième jour, la reine y dépose des œufs. Alors les travaux marchent avec activité, et souvent un nouvel essaim en sort avant la fin de l'été, quand la ruche est pleine.

Il faut veiller à ce qu'il y ait de l'eau près des ruches, afin que les abeilles se désaltèrent sans aller trop loin.

La maladie des abeilles est la dyssenterie. On les guérit en leur donnant à boire du vin mêlé de miel.

La récolte du miel et de la cire se fait en mai et en juin, et à la sortie des essaims. On peut récolter le miel sans dépouiller la ruche.

On extrait le miel des gâteaux en plaçant

les plus beaux sur des claies bien propres. On enlève avec un couteau la couche mince de cire qui couvre les alvéoles, on recouvre le gâteau et on laisse couler le miel dans des assiettes. Il faut une chaleur un peu élevée pour cette opération, par exemple dans un four après la cuisson du pain.

Ce miel est le plus pur et se vend le plus cher.

Les autres gâteaux et ceux dont on a pris le meilleur miel sont écrasés et soumis à leur tour à la chaleur du four sur des claies ou paniers; il en sort du miel de seconde qualité.

Enfin on les soumet à une presse, et il s'en exprime une troisième qualité de miel.

Alors on en émiette le marc et on le presse de nouveau après l'avoir taré. L'eau qui en est extraite peut faire de l'hydromel ou être employée à des sirops pour la nourriture des abeilles. On met le miel dans des pots et on enlève l'écume de la surface.

Le dernier marc, fondu et pressé de nouveau après un pétrissage dans l'eau tiède, est coulé en pains et constitue la cire vierge du commerce.

Tous ces produits se vendent fort bien, et on peut évaluer à 15 fr. le produit net de chaque ruche, dont 300 fr. pour 20 ruches.

Voilà certes une industrie précieuse pour les campagnes, et qui devrait être popularisée par tous les moyens possibles.

XXII. — JARDIN ET ARBRES A FRUITS.

Le jardin potager est encore dans les attributions de la ménagère. Elle le fera bêcher et fumer par son mari, et se chargera du reste avec les enfants. Outre les légumes indispensables pour la cuisine, elle pourra y cueillir beaucoup de denrées pour ses bestiaux, plus des graines pour ses volailles, et gagner là de quoi faire face aux dépenses de la basse-cour.

Le jardinage est un art très-compliqué; l'espace nous manque pour en parler. Avec le calendrier ci-après, on verra les opérations qu'il faut pratiquer en chaque temps. L'essentiel est que le fumier ne manque point, non plus que l'arrosage et les sarclages. Un autre point, c'est de se pourvoir de graines de bonnes espèces. C'est une dépense minime, et dont on est couvert au centuple.

N'hésitez point à vous fournir de plantes et graines chez un grainetier habile et digne de confiance.

De même, pour les arbres à fruits, consultez un pépiniériste en renom. Il vous vendra des plants d'arbres appropriés à la nature et à l'exposition du terrain.

Les arbres à fruits sont encore une des précieuses ressources de la petite culture. Un bon cerisier, un abricotier de plein vent n'exigent ni beaucoup de place, ni grands soins; une douzaine d'espaliers ou de quenouilles ne nuisent point à vos carrés de légumes, et la cueillette de ces arbres peut payer deux ou trois fois le loyer de votre jardin, si vous leur donnez les soins convenables.

Il est vrai que cet art exige plusieurs opérations délicates, et qui ne réussissent qu'en des mains habiles et exercées, telles que la greffe, l'écussonnage, la taille des branches gourmandes, etc. On tâche de les obtenir d'un voisin bienveillant qui s'y connaisse, et peu à peu on fait comme lui. Un livre ne peut enseigner un tel art, qui est essentiellement pratique. On voit faire d'abord, on observe, puis on essaye.

Mais ce qu'on peut recommander au cultivateur, c'est de bêcher la terre au pied de ses arbres fruitiers, c'est d'arracher la mousse qui tapisse le tronc; c'est de les déchausser du pied, au mois de décembre, puis de les rechausser à la fin de février en y ramenant la terre, à laquelle on ajoute un peu de purin. Cette opération ralentit la séve, retarde la floraison jusqu'après les gelées blanches, qui l'emportent trop souvent et détruisent d'avance le fruit de l'année. Alors les fleurs retardées sont plus robustes et donnent du fruit en grande quantité.

Cueillez vos fruits avec précaution et arrangez-les dans les paniers sans les froisser. La bonne apparence et leur belle conservation les feront rechercher des acheteurs.

Tâchez surtout d'avoir des espèces précoces et des espèces tardives. Ce sont celles-là qui se vendent le plus cher. En pleine saison les fruits abondent et les prix diminuent de moitié et plus.

Le jardinage demanderait tout un traité que nous ne pouvons aborder ici, malheureusement. Nous en ferons le sujet d'un autre petit volume, si celui-ci est accueilli avec un intérêt égal au bon vouloir qui nous l'a dicté.

En attendant, lecteurs, croyez-moi, plantez de bons arbres à fruits dans tous les coins de vos jardins. Qu'ils soient en quenouilles dans les allées, en espaliers le long des murs, de plein vent dans les haies ; pour cela, faites un trou d'un mètre carré à l'entrée de l'hiver ; fumez la terre avec du purin mêlé à des feuillages secs. Puis, à la fin de l'hiver, placez-y vos jeunes plants. Vous les enterrerez en tassant la terre pour qu'elle s'attache aux racines; mais assez légèrement pour que l'air les pénètre. Assurez le plant par un tuteur contre le vent, et attendez le reste de la Providence

DES FLEURS.

Enfin, il faut des fleurs pour vos femmes et vos filles. Je demande que l'allée du milieu soit ornée de quelques rosiers entremêlés de beaux œillets parfumés, d'odorantes giroflées, et de juliennes de toutes couleurs. Quelques soucis compléteront cette décoration, la fleur servira à jaunir le beurre. Enfin, au bout de l'allée, il faut un berceau ombragé de vigne, tout couvert de plantes grimpantes. Je veux de la poésie dans les habitations champêtres. Les fleurs naturelles sont le luxe des honnêtes gens. C'est la parure de la terre qu'ils travaillent pour que le Créateur la bénisse. C'est un encens dont la bonne odeur monte vers Dieu avec l'offrande du travail et de la prière.

La propreté au logis, les fruits et les fleurs au jardin, sont le signe vrai d'une famille rangée, où règnent l'union des cœurs et la paix dans les âmes. Puisse notre petit livre vous aider, lecteur, à fonder une telle maison, ou à l'améliorer, si vous la possédez déjà!

Je vous quitte avec regret, mais en vous laissant d'utiles avis pour la production des biens du corps. Ceux de l'âme, que vous attendez, une plume plus autorisée que la mienne va vous les distribuer avec cette onction et cet accent persuasif qui l'ont rendue justement populaire. A elle de parler maintenant, à moi de me retirer en vous disant : Au revoir; que Dieu bénisse votre travail; que vos enfants, en héritant de votre toit, y trouvent le bonheur dans la tradition de vos vertus, et que vos efforts leur laissent un patrimoine plus fécond que vous ne l'aviez reçu de vos pères.

Améliorer en agriculture, c'est s'enrichir; mieux vaut améliorer que de s'étendre.

FIN DE LA PREMIÈRE PARTIE.

ANNUAIRE

DU CULTIVATEUR ET DU JARDINIER

JANVIER.

On nettoie les fossés; on creuse les rigoles d'arrosage pour en rejeter la terre dans les champs et les prés. — Labours préparatoires pour les plantes sarclées.

Jardinage. — On fume les carrés destinés aux semailles de printemps; on sème les petits pois en lignes distantes de 15 à 20 centimètres.

FÉVRIER.

Émonder les haies et les arbres. — Planter les choux-pommes et choux branchus, les petits pois, semer les vesces et les fèves.

Jardinage. — Bêcher profondément et ameublir la terre. — Semer les fèves de marais en terre grasse, en espaçant les lignes de 30 centimètres.

MARS.

Semaille de blé de printemps, trèfle, orge, graines fourragères, prairies, lin, betteraves. — Herser les blés d'automne.

Jardinage. — Semer les carottes sur terre fumée un an d'avance, radis, laitues, petits pois, fèves, persil, cerfeuil, oseille, etc.

AVRIL.

Continuation des semailles de mars — Herser les prairies. — Planter les pommes de terre.

Jardinage. — Planter les échalottes en terre légère, s'il se peut, les œilletons d'artichauts. — Continuer les semis de mars.

MAI.

Planter pommes de terre, semer betteraves, sarrasin, petits pois, maïs, haricots, chanvre. — Transplanter les semis de betteraves et choux-navets. — Herser les pommes de terre.

Jardinage. Planter haricots, potirons; repiquer oignons et navets, poireaux. — Ramer les pois et haricots. — Semer rutabagas. — Semer, arroser, sarcler partout où il en est besoin.

JUIN.

Tonte des moutons. — Biner et sarcler les plantes-racines. — Semer petits pois et maïs pour fourrage. — Récolte des foins.

Jardinage. — Continuation des travaux de mai. — Arroser, biner et sarcler suivant la température et l'état du sol.

JUILLET.

Récolte du seigle. — Semer la moutarde blanche pour fourrage et engrais vert. — Récolte du colza, des vesces. — Biner et sarcler les plantes-racines. — Couper les blés dès qu'ils commencent à jaunir.

Jardinage. — Transplanter les choux, laitues et autres plantes potagères. — Semer des choux-pommes, pour repiquer en automne. — Récoltes des diverses graines. — Semer les gros navets.

AOUT.

La moisson occupe les premiers jours. — Semer le colza, préparer le sol pour le transplanter. — Labour pour récoltes dérobées. — Récolte des blés, orges, lin et chanvre.

Jardinage. — Cueillette des graines et des fruits. — Arracher les oignons, les faire sécher et les mettre au grenier, enlever ceux qui se gâtent. — Arroser pendant les chaleurs.

SEPTEMBRE.

Récolte des pommes de terre, du chanvre, du trèfle commun, du sarrasin. — Semer le seigle, fourrages dérobés, avoine blanche, etc. — Labours préparatoires pour le froment.

Jardinage. — Récolte des graines bien séchées. — Semer les choux pour repiquer au printemps.

OCTOBRE.

Récolte du maïs, des betteraves, pommes de terre, fruits divers. — Semailles du froment, des vesces. — Plantation du colza.

Jardinage. — Transplanter les choux et laitues semés en août. — Butter les artichauts.

NOVEMBRE ET DÉCEMBRE.

Suite des labours et semences. — Plantation des arbres. — Entretenir les fossés, réparer les chemins.

Jardinage. — Suite des travaux précédents. — Creuser des silos pour conserver les plantes-racines. — Butter les artichauts et le céleri. — Couvrir de paille ou de sable les fruits et légumes qu'on veut conserver.

MALADIES DES ANIMAUX

Les maladies des chevaux et du gros bétail sont trop graves en général pour s'en tenir à ses propres lumières du soin de les guérir. Celles du cheval proviennent le plus souvent des excès de travail, des refroidissements, des mauvais traitements qu'on lui fait subir. Un cheval gouverné avec douceur, abrité et nourri comme nous l'avons prescrit, tombe rarement malade. Cependant cela peut arriver. Il faut alors le laisser en repos et consulter le vétérinaire.

Voici quelques cas moins graves qu'on peut traiter soi-même.

VACHES.

Dureté et tumeur du pis. — Ce mal arrive quelquefois à l'époque du vêlage. On frictionne l'endroit malade avec un mélange d'huile de laurier et de dialthée, on trait la vache souvent et on répète les frictions deux fois par jour.

Ulcère aux trayons. — On combat ce mal en frottant les crevasses avec de l'onguent de céruse. Après chaque traite du lait, on fait avaler de l'orge égrugé à la vache malade.

Tarissement du lait. — Ce mal provient de mauvaise digestion. On donne à la vache du sel de Glauber dissous dans de l'eau.

Gonflement. — Ce mal provient, le plus souvent, des herbes mangées avant que la rosée soit évaporée. Quelle qu'en soit la cause, on y remédie de suite en faisant boire un peu d'alcali volatil étendu d'eau.

Dégoût. — Le dégoût est annoncé par le refus de manger et par la cessation de la rumination. Un peu de sel mêlé aux aliments suffit à dissiper cette indisposition, à moins qu'elle ne tienne à une maladie grave.

Vers. — On combat les vers en faisant avaler de l'huile empyreumatique de Chabert.

Lait bleu des vaches. — Quand une vache donne du lait bleu, c'est-à-dire sans crème, ou dont la crème se sépare promptement, il faut la purger et changer son régime, quel qu'il soit.

MOUTONS.

Les moutons sont sujets à quelques maladies qui leur sont communes avec les bêtes à cornes : la plus commune est le gonflement ou météorisation. On y remédie absolument comme pour les vaches, avec l'alcali volatil étendu d'eau.

La *gale.* — La brebis galeuse se frotte contre tout ce qu'elle rencontre, et sa laine s'en va en flocons. Au premier signe, on la lave avec une forte infusion de tabac à fumer, et on mêle du sel et de la fleur de soufre à son fourrage.

Pourriture. — Elle a pour cause les pâturages bas et marécageux, que nous avons défendus. Quand on ne peut se dispenser de faire brouter cette herbe aux moutons, on leur donne le soir du fourrage sec arrosé de sel. C'est un préservatif très-utile.

Quand le mal est déclaré, on leur fait manger un pain composé moitié de farine ordinaire, moitié de farine de lupin, à laquelle on ajoute un peu de couperose verte et de la gentiane en poudre.

Le *piétin*, ou ulcère de la corne du pied, fait boiter les moutons. On y applique de la poudre de vitriol bleu qu'on maintient en l'entourant d'étoupe bien liée.

Les *plaies* provenant de *contusions* et les *écorchures* se traitent, chez tous les animaux, en y appliquant des compresses d'eau blanche ou de saturne. Si elles suppurent par suite de négligence, on commence par les laver avec du vin chaud, puis on les saupoudre de charbon en poussière.

Lorsque les animaux qu'on vient d'acheter sont atteints de l'une quelconque de ces maladies, il faut, dans les huit jours, et en tout cas au plus tôt, sommer le vendeur de les reprendre. Sur son refus, on fait constater le mal par un vétérinaire et on poursuit l'annulation du marché devant le juge de paix.

Désinfection des étables et bergeries. — Lorsque les étables ou bergeries ont été habités par des animaux atteints d'une maladie contagieuse, il faut d'abord nettoyer à fond les auges et mangeoires, ensuite tenir ouvertes les portes et fenêtres tout un jour pour renouveler l'air; après quoi on les referme en calfeutrant tous les joints et fentes avec du mastic ou de la colle. Alors on allume un fourneau, surmonté d'un vase en terre vernissée dans lequel on met du sel de nitre; on verse dessus quelques onces de vitriol. Aussitôt on se hâte de sortir en fermant la porte sur soi, et en bouchant tous les vides pour que les vapeurs de l'intérieur ne puissent s'échapper. On renouvelle l'opération s'il le faut, et puis on chasse les vapeurs en rouvrant les portes et les fenêtres. Alors le local est désinfecté et les animaux peuvent y rentrer.

TABLE DES MATIÈRES

Imprimerie de L. TOINON et Cie, à Saint-Germain en Laye.

www.ingramcontent.com/pod-product-compliance
Ingram Content Group UK Ltd.
Pitfield, Milton Keynes, MK11 3LW, UK
UKHW020606180726
13838UKWH00001B/463

9 782329 415451